微信小游戏开发入门

摩卡◎编著

化学工业出版社
·北京·

内 容 简 介

本书系统地梳理了微信小游戏从开发到上线的全流程，详解微信生态账号、审核、云开发及流量主等规则。书中以 TypeScript 为核心，结合 Cocos Creator 3.8 引擎，递进讲解语法、算法、面向对象与游戏引擎实战，并辅以完整的项目实战，示范资源管理、物理碰撞、音频存储等关键技术，帮助读者快速输出可玩、可盈利的小游戏。

图书在版编目（CIP）数据

微信小游戏开发入门 / 摩卡编著. -- 北京 : 化学工业出版社, 2026. 4. -- ISBN 978-7-122-50163-9

Ⅰ. TP317.67

中国国家版本馆 CIP 数据核字第 2026WR9190 号

责任编辑：潘　清　　封面设计：异一设计

责任校对：杜杏然　　装帧设计：盟诺文化

出版发行：化学工业出版社（北京市东城区青年湖南街13号　邮政编码100011）

印　　装：北京云浩印刷有限责任公司

710mm × 1000mm　1/16　印张16　字数318千字　2026年4月北京第1版第1次印刷

购书咨询：010-64518888　　售后服务：010-64518899

网　　址：http://www.cip.com.cn

凡购买本书，如有缺损质量问题，本社销售中心负责调换。

定　　价：79.00元

前言

近年来，《羊了个羊》无疑是最出圈的小游戏之一，仅靠广告收入，这款游戏盈利已经超千万元。它给我留下了深刻的印象，也带动了如今一大批小游戏的兴起。比如，当下风头正劲的《咸鱼之王》和《寻道大千》，广告铺天盖地，玩法极具"魔性"。

这些游戏之所以火爆，并非没有道理。今天，我想和大家浅聊一下这个话题：小游戏到底能不能做？怎么做？谁适合做？

首先，小游戏最大的特点是便携性与即时性。无须下载安装，随时点开就能玩。其次，许多游戏都标配了社交互动功能，允许玩家邀请好友、分享战绩，甚至按省份排名，激发玩家的好胜心，极大地增强了游戏的传播力（没错，我还是点名《羊了个羊》）。

小游戏种类繁多，涵盖策略、休闲、竞技等多种类型，几乎能满足所有玩家群体的需求。当然，最重要的是成本极低，无须投入大量资金用于开发和运营。那些能够快速抓住注意力、形成记忆点（即"魔性""洗脑"），基本就能成为爆款。如今的小游戏也更加多元，不止微信上有，其他平台（如抖音）上也有了。

那么，这些游戏是如何盈利的呢？早期的小游戏，如《跳一跳》和《消消乐》，主要依靠广告收入盈利，这也是小游戏最常见的盈利方式。比如，看广告复活、加体力、获得强力加持等，屡见不鲜，现在更是能够内购充值（需要版号）。我有个朋友已经在《咸鱼之王》上"氪"了6位数（充值消费），甚至还有人投入上百万元。基本上只要在10个产品中做出一个爆款，就能实现财务自由。

那么，开发小游戏难不难？投入大不大？

先说结论：人人都能做小游戏，做小游戏并不难。

先做个自我介绍：我是摩卡，从事游戏开发行业已有10年。如今，我致力于制作精品微信小游戏，并希望帮助更多想要做游戏的人实现自己的想法。本书面向没有任何游戏开发或编程经验的普通人。如果你对自己的适合度有疑问，只需问自己两个问题：“我是否希望将自己的想法和创意做成游戏？是否希望做出属于自己的游戏？”如果答案是肯定的，那么这本书就适合你。

跟着这本书学习，你将具备开发小游戏的基本能力，能够将自己的想法或创意变成实际的游戏。你还将深入了解游戏开发的全过程，为自己是否想要从事这一行业或继续探索提供参考。

本书首先会带领大家对小游戏开发有一个整体的了解。接着让大家熟悉小程序开发语言TypeScript，掌握游戏编程的一些常见算法，并展示一些经典小游戏的制作。我们会像搭乐高积木一样，搭建出游戏的逻辑。在了解游戏逻辑后，每个人都将掌握游戏开发的所有知识和技能。此外，完成小游戏的制作后，一定要分享给朋友，这也是做游戏的一大乐趣。

我也是从新手一路走来的，深知游戏开发路上有许多弯路和陷阱。我希望通过这本书，帮助大家少走弯路，避免陷阱，帮助那些想要做游戏开发的人真正做出自己的第一个小游戏。我可能只是一个领路人，帮助大家跨入游戏开发的世界。入门之后，大家可以选择继续学习其他引擎，制作更复杂的游戏，也有可能发现游戏开发并不适合自己，但是这段经历能为你提供宝贵的经验。

最后，有人问微信小游戏上线难不难。相对来说，微信小游戏的上线步骤较为简单，无须版号，目前只需软件著作权这一资质。只要游戏逻辑编写完整、无明显漏洞且能正常运行，提交给微信官方审核，基本都能通过。

小游戏的开发成本极低，尤其是在如今的AI时代，美术与音乐资源都可以通过AI辅助制作。我们只需投入时间和推广成本，几乎无须其他支出。因此，小游戏非常适合独立开发者“闷声发财”。

希望阅读本书的读者能从中有所收获。

编著者

目录

第4章 Cocos Creator游戏引擎基础

第5章 项目实战：射击类游戏

第6章 项目实战：三消游戏

第 1 章

微信小游戏开发概览

1.1 微信小游戏的定义与背景

微信小游戏是什么

微信小游戏是运行在微信环境中的游戏类小程序。它利用微信的基础设施（如用户数据、支付系统、社交关系链等），为用户提供便捷的在线游戏体验。

它具有轻量化、便捷、强社交、跨平台等特点。

与微信小程序的关系

微信小游戏可以被视为微信小程序的一个子集。换句话说，微信小游戏是一种特殊的微信小程序。从二者的关系来看，小程序包含小游戏。

1.2 账号限制与开发者类型

每个微信号最多可以绑定5个小程序账号，也就是说，每个微信号最多可以上架5款小游戏。需要注意的是，这里的限制指的是经过实名认证的微信号。因此，可以这样理解：每个人最多可以上架5款小游戏。即使拥有多个微信号，如果这些账号的实名认证都是同一个人，那么最终也只能上架5款小游戏。

微信小游戏支持的开发者类型主要包括以下两种。

个人开发者

定义：个人开发者是指以个人名义注册并开发微信小游戏的开发者。

限制：个人开发者只能开发和上架小游戏，但无法开通虚拟支付功能。

资质：需要完成微信实名认证。

企业开发者

定义：企业开发者是以公司名义注册并开发微信小游戏的开发者。

资质：需要提供营业执照，需要提供国家新闻出版署备案信息（游戏版号）、计算机软件著作权登记证书、游戏自审自查报告，如果游戏涉及支付，还需要提供国家新闻出版署版号批文，需要完成ICP备案。

1.3 个人开发者发布流程与材料

注册账号：前往微信公众平台注册小程序开发者账号。

准备材料：除了《游戏自审自查报告》，还需要准备小程序名称、头像、游戏介绍等。

上传游戏版本：使用微信开发者工具上传游戏版本。

提交审核：在微信公众平台后台提交审核，等待审核结果。

个人开发者在发布微信小游戏时，唯一需要准备的材料是一份《游戏自审自查报告》。这份报告是审核游戏内容是否符合相关法律法规要求的重要文件。

1.4　软件著作权

根据最新的信息，个人开发者在发布微信小游戏时，软件著作权证书并不是必需的。在提交审核时，软件著作权证书是一个可选项。这意味着即使没有软件著作权证书，也可以正常提交审核并发布微信小游戏。

不过，需要注意的是，如果游戏名称中包含英文或“软件”字样，或者涉及品牌、公众人物合作等情况，那么就需要提供软件著作权证书。

1.5　流量主与广告主开通条件

个人开发者可以开通流量主功能，并在自己的微信小游戏中接入广告以赚取收益。只要小游戏满足以下条件，即可申请开通流量主。

（1）小游戏已成功发布并通过审核。

（2）小游戏的累计用户数达到一定数量（500个）。

（3）开发者已完成实名认证。

根据最新的政策，个人开发者可以开通广告主功能。在微信小程序后台，个人开发者可以点击开通广告主功能，进而为自己的小游戏进行广告投放，以吸引更多用户。不过，需要注意以下几点：广告主功能的开通和使用需要遵守微信平台的相关政策；个人开发者在投放广告时，需要确保广告内容符合平台规定，避免违规。

1.6　审核流程与时间概览

一般来说，首次提交审核时，审核时间相对长一些。目前，首次审核通常需要大约3天的时间。如果遇到周末（周六、周日），审核时间可能会进一步延长。

需要注意的是，微信小游戏需要完成备案后才可上架。备案流程可能需要额外的时间，通常为22个工作日。

1.7 游戏更新与再审要求

一般来说，小游戏更新版本的审核时间相对较短，通常在几小时内即可审核完成。

如果开发者有紧急需求（如修复程序漏洞或有重大活动），可以申请加急审核。

加急审核需满足以下条件。

（1）版本为更新版本，非首次提交。

（2）剩余可用加急次数大于0（每个账号每季度有两次加急机会）。

（3）小游戏累计注册用户数大于5000。

1.8 服务器与云开发服务需求

如果使用微信小游戏制作工具来开发游戏，那么通常不需要购买服务器。至于云开发服务，这需要根据游戏的具体情况来决定。

如需要通过云开发功能实现世界排行榜，在这种情况下，就需要购买一些云开发服务的资源。然而，如果开发的是单机小游戏，例如俄罗斯方块，不需要使用云开发相关功能，那么就不需要购买云开发服务。也就是说，无须购买任何与服务器相关的内容。

1.9 并发与防破解策略

其实，开发微信小游戏根本不需要考虑并发。也就是说，无论小游戏是被一个人玩，还是被一百万人玩，作为开发者，都不需要做任何额外的事情，因为微信已经处理好了。因此，完全不用担心并发问题——无论有多少人同时在线，都不会对开发者产生任何影响。

那么，开发微信小游戏需要考虑防破解吗？答案是不需要。因为微信小游戏运行在微信的封闭环境中。换句话说，如果有人想要破解微信小游戏，就必须先攻克整个微信环境，而这几乎是不可能的。

1.10　盈利模式

小游戏主要通过广告来盈利。首先需要积累至少500名用户，才能开通流量主功能。之后，可以在游戏中新增一些广告位，并将其接入到合适的位置。广告接入的方法较为简单，可以参考官方提供的示例和文档进行操作。

当广告接入审核通过后，从次日起会有收益产生。在后台的流量主模块中，可以查看每天的广告收入情况。

此外，微信平台还设有“新游种子计划”。开发者在开通该计划后，平台会免费为游戏进行推广，推广期通常持续3天。需要注意的是，该计划在游戏上线后的90天内都可以申请。建议在接入广告后再开通该计划，这样免费获得的曝光量便可以转化为实际收益。

1.11　成功案例分析与启示

《羊了个羊》这款小游戏，仅用3天时间就成为新的全民游戏，至今依旧火爆。每天服务器都崩溃，无数玩家通宵达旦地挑战，累计游玩量全网已达几十亿，单日收入高达600万元。毫无疑问，它已经赚得盆满钵满。接下来分析，《羊了个羊》为何能如此成功。

腾讯的支持

腾讯在小游戏的转发裂变功能上给予了支持，并且这将成为一种长期趋势，甚至会越来越鼓励小游戏开发者进行激进的推广。《羊了个羊》通过病毒式传播，引导用户互动，诱导分享朋友圈集赞等手法，极大地促进了用户规模的扩大。只要小游戏还在腾讯的生态体系内，激进的传播方式所带来的能量，绝对不输抖音短视频的算法推荐。

产品命名

《羊了个羊》的成功，离不开一个好名字。它包含能够引起全民关注的通用元素，甚至比产品本身的质量更为重要。这绝对是顶级文案的顶级洞察。

产品设计

产品设计团队非常清楚，玩家在玩三消游戏时，传播才是游戏的核心，而非游戏本身。他们抓住了“测智商”这一永恒的全民需求，无论是男性还是女性，老人还是小孩，都对此深感兴趣。此外，游戏还设置了省与省之间的排名，哪怕玩家失败，也会有一个“墓碑升级系统”来激励他们继续挑战。

正确的大品类

《羊了个羊》将三消游戏作为一个赛道来开发。三消类游戏的影响力其实被很多人低估了。人类在原始时代，就对同类物品的归类和环境的整理有着天然的需求，因为这代表着对私有物品的可控性，以及对陌生环境的掌控感，从而带来一种安全感。这种需求不分性别，可能因个体差异而有所不同。因此，消除类游戏是人类历史上经久不衰的游戏品类。从某种意义上说，打麻将也是一种三消游戏，扑克的许多玩法也是对花色的归类，甚至早点把牌打出去，也是一种物理上的消除。相同数字或花色的牌往往打得更快。

从《俄罗斯方块》到《泡泡龙》《马里奥医生》《祖玛》《宝石迷阵》……每个新终端平台，三消游戏总是最早火爆起来的品类之一。2018年，《开心消消乐》是中国手游月活用户第一的游戏，当时甚至超过了《王者荣耀》。海外流行的三消游戏*Candy Crush*，也是美国应用商店收入最高的游戏之一。由此可见，三消游戏的市场天花板确实很高。

对小游戏生态的思考

目前与其他平台相比，支付与社交身份的关联依旧是腾讯最强大的底牌。这也是为什么在互联网存量时代，私域业态会成为最火的商业概念之一。我个人认为，如果接下来小程序流量主能够更多地接入直播间，与私域结合，将成为新的撒手锏。

1.12 游戏引擎介绍

游戏引擎历史

在个人计算机尚未普及的年代，几乎每个游戏都需要从零开始编写。每一个模块，从角色动作到场景渲染，都需要开发者精心设计。再加上早期游戏机性能有限，开发者不仅要掌握每个部分的实现方法，还需要运用各种技巧来压缩游戏的占用空间。例如，FC版本的《超级马里奥兄弟》就使用了Tilemap技术，将游戏中用到的素材全部拆分并展现在一张图上，就像一个调色盘。通过代码“蘸取”需要的部分并将其绘制在相应的位置，这能比存储完整的关卡图节省更多的空间。因此，《超级马里奥兄弟》仅使用了64KB的内存，就实现了多达32

个关卡。

后来，人们发现许多游戏拥有相似的组成部分。例如，每个游戏都需要渲染器来生成画面，大多数游戏都需要碰撞检测，越来越多的游戏开始使用相对复杂的物理计算。能否把这些相同的代码重复利用起来呢？随着个人计算机的发展，这一想法逐渐成为可能。

第一个将这一想法付诸实践的是游戏界的传奇人物约翰·卡马克。他将游戏开发中可能用到的部分事先编写好，并预留了接口，以便未来添加和修改。这就是世界上第一个游戏引擎。在这些代码的基础上，世界上第一款商业化的第一人称射击游戏《德军总部3D》诞生了。之后，同一工作室推出的《毁灭战士》与《雷神之锤》也是在此引擎改进后诞生的作品。卡马克的游戏引擎彻底引爆了游戏行业。

游戏引擎的作用

游戏引擎并非一款游戏的必需品，但它可以帮助开发者实现大量的游戏功能。它就像一个工具箱，开发者只需学会使用里面的工具，专注于游戏的内容部分，而无须关心这些工具是如何制造的。这大大降低了开发游戏的门槛。

开发者可以直接上手编写与游戏相关的部分，而不用再操心物理系统、特效系统等底层实现。开发者可以直接专注于游戏角色、剧情等内容的开发。这样一来，大大缩短了开发时间，上手难度也降低了。

因此，游戏引擎的出现极大地简化了游戏开发流程，让开发者能够更高效地专注于游戏的核心内容。

1.13　开发工具与环境配置

以下是6个比较专业的可用于开发微信小游戏的游戏引擎。

（1）Cocos Creator

Cocos Creator是目前小游戏领域使用最为广泛的游戏引擎之一，也是本书教学的引擎，具有以下优点。

首先，其官方文档和资料丰富，网络上相关的教程也较多，这为开发者提供了丰富的学习资源。其次，Cocos Creator拥有一个非常活跃的社区。无论是在学习过程中还是遇到问题时，社区都能提供很大的帮助。最后，Cocos Creator对微信小游戏的支持非常完善，能够很容易地对接微信平台开发小游戏。

（2）Layabox

Layabox的优势在3D领域。它重点宣传的是游戏引擎的3D性能。如果打算开发3D小游戏，Layabox是一个不错的选择。

（3）Unity

Unity是一款较为重型的游戏引擎，目前官方推出了Unity WebGL微信小游戏适配的官方解决方案，可以使用Unity开发微信小游戏。不过，Unity的学习成本较高，也不完全是一个免费的引擎。

（4）微信开发者工具

微信开发者工具最初是为了制作小程序而开发的，后来推出了专门的小游戏版本。经过了解，小游戏版的微信开发者工具已经具备了类似完整游戏引擎的功能，例如场景、游戏对象、预设体等概念，但与专业游戏引擎还是有一定差距的。

（5）Phaser

Phaser是一款开源的H5游戏开发框架兼引擎，在国外拥有较多的用户群体。它也可以用于开发微信小游戏，不过，适配过程可能需要付出较大的成本。

（6）Three.js

Three.js并不是一个严格意义上的游戏引擎，而更像是一个工具箱。它主要用于网页上的3D效果，如创建3D网站或网页3D游戏。微信著名的《跳一跳》小游戏就是使用Three.js框架制作的。不过，对于个人开发者而言，如果想要快速开发微信小游戏，建议选择成熟的引擎，而不是底层框架。当然，如果对底层技术感兴趣，Three.js也是一个值得研究的工具。

1.14 工具优缺点评估

在当前的小游戏生态格局下，无论拟投身于专业团队还是独立开发，Cocos Creator都是理想的选择。在当前小游戏市场中，采用Cocos Creator的开发者和公司数量居于领先地位。无论是计划就业还是自主创业，都会带来显著的优势。此外，网络上关于Cocos Creator的资料和教程极为丰富，社区也十分活跃，这为学习过程提供了极大的帮助。它同样支持3D游戏开发。而Layabox属于一个较为小众的引擎，实际应用并不广泛，因此并不推荐使用。

如果开发者的目标是开发小游戏，则不建议选择Unity。因为Unity的主要市场是手游和端游，并非专为小游戏设计。尽管微信平台提供了Unity迁移到微信小游戏的官方解决方案，但在实际迁移过程中，开发者会面临许多问题。大型项目（如《王者荣耀》）至今未落地微信小游戏，已足以说明其局限性——微信小游戏本质为运行于微信容器的H5形态，算力、包体、实时网络均受制约，难以承载重度3D、开放世界或多人实时对战等复杂的场景。

至于微信原生开发者工具，目前处于一种较为尴尬的境地。专业的游戏开发公司通常会选择更为专业的游戏引擎，如Cocos Creator或Layabox，而不会选择微信原生开发者工具，甚至微信官方学堂的课程也主要教授如何使用Cocos Creator开发小游戏，而非使用其原生工具。

至于Phaser和Three.js，前者是H5开发引擎，后者是网页3D框架，都不建议用于开发微信小游戏。因为微信官方并未提供成熟的迁移方案，使用这些工具开发游戏后，迁移至微信小游戏平台将是一个耗时耗力的过程，所以不建议选择这些工具。

1.15　环境安装与配置

在编写代码时，需要选择合适的工具，通常称为集成开发环境（IDE）。IDE是Integrated Development Environment的缩写，意为集成开发环境。之所以称为集成开发环境，是因为在开发一个项目时，会用到各种工具，而IDE将这些工具集成在一起，方便使用。例如，Visual Studio Code（VSCode）、WebStorm等工具，都集成了代码编辑器、编译器、运行器，以及各种功能和插件，甚至还提供了代码提示等辅助工具，大大提高了开发效率。

关于TypeScript（TS）的开发环境选择，这里介绍3种方式。

（1）在线编辑

对于初学者来说，为了更简单、直接，可以使用在线编辑器。TypeScript的官网提供了一个在线编辑器，用户可以直接在浏览器中编写和运行TypeScript代码，非常适合初学者快速上手，了解TypeScript的基本语法。

（2）使用VSCode或WebStorm

VSCode是一款非常流行的开源代码编辑器，支持多种编程语言，包括TypeScript，并且拥有丰富的插件生态系统。WebStorm则是一款专业的JavaScript和TypeScript开发工具，但需要付费，不是很推荐。这两种工具都提供了强大的代码提示、语法检查、调试等功能，能够帮助开发者更高效地编写代码。

（3）本地搭建开发环境

对于有一定基础的开发者，可以选择在本地搭建编译运行环境，然后使用记事本或其他简单的文本编辑器编写代码。这种方式需要手动配置开发环境，但可以让开发者更深入地了解开发过程。

目前先重点了解第一种方式——在线编辑。在线编辑的优点是简单方便，只需打开一个网址，即可开始编写代码。通过在线编辑，大家可以快速熟悉TypeScript的基本语法。随着学习的深入，进入Cocos游戏开发或前端开发领域时，再根据需要选择合适的工具。因为无论是TypeScript、C#还是Java，语法都是编程的核心，而开发工具只是辅助。

第 2 章

TypeScript 编程语言基础

2.1 学习目标

本书主讲游戏开发，因此对TypeScript的教学将围绕实战展开，旨在帮助大家快速掌握核心且常用的语法。书中会重点讲解最核心、最常用的TypeScript知识点，舍弃那些不常用的语法细节。如果希望深入了解，大家可以参考一些专门讲解TypeScript的书籍，例如鲍里斯·切尔尼的《TypeScript编程》和丹·范德卡姆的*Effective TypeScript*等。

本书所述教学方法是笔者在多年游戏开发实践中形成的经验总结。针对编程语言的教学，特别是面向初学者的教学，应当遵循“工具化学习”的基本理念——掌握编程语言如同掌握工匠工具，重在实用，而非全盘通晓。这就如同汽车维修学徒，首先需要熟练使用扳手等基础工具，而非详尽地掌握所有专业设备的复杂功能，因为多数高阶功能在实际操作中的使用频率较低。

对编程知识的深度理解往往依赖于实践验证。若在基础教学阶段过度展开理论阐述，反而会形成认知障碍。因此，本书采用“核心语法精讲+实战开发驱动”的双轨模式：首先聚焦最常用、最核心的语言特性，帮助学习者快速建立编程能力；随即引导学习者进入实际项目开发，通过TypeScript游戏开发等具体实践，让学习者在成果产出中获得持续的正向激励。

当前市场上部分教材存在内容冗长、重点模糊的问题，这种“百科全书式”的编写方式容易消磨初学者的热情。事实上，编程语言的常用语法要素具有明显的“二八定律”特征——20%的核心语法能满足80%的开发需求。本书正是基于这一认知，通过提炼精华、突出主干，帮助学习者规避信息过载的困境，在短期内建立可立即投入实战的编程能力，从而形成“学习—实践—反馈”的良性循环。

2.2 TypeScript 编程语言

2.2.1 TypeScript简介

TypeScript作为一种现代编程语言，与C、C++、Java等同属于通用编程语言范畴。其本质是JavaScript的超集，主要针对JavaScript在大型应用开发中的局限性而设计。具体而言，TypeScript在JavaScript的基础上引入了静态类型系统这一核心特性，因此可被定义为“具备类型注解的JavaScript”。

JavaScript作为动态类型语言，其灵活的类型系统在带来开发便利的同时，也导致了诸多问题。

- 变量类型的不确定性增加了调试难度。
- 大型项目维护成本随规模呈指数级增长。
- 缺乏编译时类型检查机制。

TypeScript通过引入类型限制，有效解决了上述问题。

- 提供编译时类型检查。
- 增强代码可读性和可维护性。
- 支持更完善的IDE智能提示。

有了类型系统，开发者可以在规则范围内进行开发，从而降低出错的概率，提高开发效率。

TypeScript主要应用于以下领域。

- 游戏开发：TypeScript可以用于Cocos等游戏引擎的开发，市场占比约为35%。
- 前端开发：TypeScript在Web前端开发中也有广泛的应用，市场占比约为55%。
- 后端开发：TypeScript也可以用于后端Node.js应用开发，市场占比约为10%。

需要强调的是，TypeScript并不是用来替代JavaScript的，而是其超集。TypeScript完全兼容现有的JavaScript生态系统。目前，JavaScript已经被广泛应用于各种浏览器和开发场景，TypeScript通过编译成JavaScript代码，确保了其与JavaScript的兼容性。任何可以运行JavaScript的地方，都可以运行TypeScript编译后的代码。

针对不同基础的学习者的学习建议如下。

对于零基础学习者，建议如下。

- 无须掌握JavaScript基础知识。
- 建议完成所有配套练习。
- 重点掌握类型系统的概念。

对于有经验的开发者，建议如下。

- 可选择性地跳过基础练习。
- 重点关注类型系统的优势。
- 了解两种语言的范式差异。

本书是针对零基础读者设计的，因此在讲解过程中会尽量照顾到初学者的需求。同时，书中也会提供大量的编程练习题，帮助读者巩固所学知识。书中也会提及TypeScript和JavaScript的区别，以便让有JavaScript基础的开发者更好地了解两者的异同。

大家可以通过以下维度对比TypeScript与JavaScript。

特　　性	TypeScript	JavaScript
类型系统	静态类型	动态类型
错误发现	编码阶段	执行阶段
工具支持	完整的智能提示	有限的推断能力
适用规模	中大型项目	小型项目
开发效率	长期维护高效	初期开发快速

2.2.2　TypeScript的类型系统

TypeScript的一个显著优点，也是它与JavaScript的主要区别之一，就是它引入了类型系统。

TypeScript是一种静态类型语言。所谓“静态类型”，是指在代码编写阶段，变量的类型就已经确定，并且在运行过程中不会改变。与之相对的是“动态类型”，即类型可以在运行时动态改变。

JavaScript是一种动态类型语言，其变量的类型可以在程序运行过程中随时改变。而TypeScript通过引入静态类型系统，为开发者提供了一种更严谨的编程方式。这种类型系统能够帮助开发者在开发阶段提前发现潜在的错误，从而提高代码的可靠性和可维护性。

除了TypeScript，其他静态类型的语言还包括C++、C#和Java。这些语言的共同特点是类型是确定的、静态的，不会在运行过程中发生变化。这种特性使得静态类型的语言在大型项目开发中表现出色，因此开发者能够更好地管理复杂的代码结构，减少因类型错误导致的运行时问题。

为了让大家更好地理解这一点，下面通过一段代码来展示。

静态类型语言示例如下。

```
int number = 10;
number = "10";
```

int number = 10 是一个声明整型变量的语句。这行代码声明了一个变量，它的类型是int，也就是整数类型，用于存储整数值。一旦被定义为int类型，变量number就只能存储整数。

如果尝试将number赋值为"10"，就会报错。这是因为"10" 是一个字符串，而number被定义为int类型，即整数类型。一旦被定义为整数类型，它就会始终保持不变，后续只能存储整数值。这就是静态类型语言的特性。

静态类型语言的核心特征在于编译时的类型检查机制。一旦声明变量为特定类型，其类型约束将贯穿整个生命周期，这种设计能有效预防与类型相关的错误，提升代码的可靠性。

相比较而言，动态类型语言如JavaScript采用完全不同的类型处理范式。因为动态类型语言允许变量的类型在运行时发生变化，所以可以往变量中存储任何类型的数据，输出时也不会报错。

动态类型语言示例如下。

```
let number = 10;
number = "10";
console.log(number);
Math.round(number); //只有在运行阶段，才会知道这里错误。
```

动态类型语言虽然在开发灵活性方面具有优势，但其类型系统的特性也带来若干显著缺陷。以数值处理为例，当开发者意图存储数字类型却误添加引号形成字符串时，这种类型的错误在编码阶段不会被检测到。这种隐患会在运行时的特定操作中暴露，例如，调用Math.round()等要求数值型参数的方法时，传入字符串类型将触发运行时异常。此类错误具有以下特征。

- 潜伏期长：从编码到运行可能间隔较长时间。
- 定位困难：异常堆栈可能远离实际错误发生的位置。
- 修复成本高：需重新执行完整的测试流程以验证修复效果。

静态类型语言通过编译时类型检查机制有效地规避了上述问题。其类型系统强制要求在声明赋值与调用操作时进行类型校验。这种机制使得90%以上的类型错误在编码阶段即可被发现，从而显著提升开发效率。

TypeScript作为JavaScript的超集，其数字类型变量的声明语法如下。

```
let num:number = 10;
num = "10";
```

这里number 是一个基础类型注解，用于明确指定变量的数值类型。

这种静态类型检查机制具有以下优势。

- 早期错误检测：若尝试执行 num = "10"命令，则TypeScript编译器会立即抛出类型不匹配错误（TS2322），而非等到运行时才暴露问题。

· 精确的错误定位：现代IDE会实时标记错误类型，并给出具体的修正建议。

静态类型系统还支持智能化的开发工具。

· 基于类型的代码补全：IDE能准确推断变量类型，提供上下文相关的API建议。

· 类型驱动的文档提示：悬停查看时会显示完整的类型定义。

· 安全的代码重构：类型信息确保重命名、提取方法等操作不会破坏类型约束。

对于初学者而言，理解这些概念可能需要一个渐进的过程。建议先掌握基础语法，通过实际编码体会类型检查的价值，逐步学习如何正确定义类型接口，最终达到运用类型系统提升代码质量的目的。

这种类型安全特性使得TypeScript特别适合用于中大型项目开发，能在保障JavaScript灵活性的同时，提供企业级应用所需的可靠性。

2.3 学习方法论

在编程学习过程中，掌握科学的方法论比单纯记忆知识点更为重要。正如古语所云："授人以鱼不如授人以渔。"正确的学习方法和积极的学习态度能够显著提升学习效率。本书将从实践角度出发，系统地阐述编程学习的核心方法论。

（1）练习的必要性

对于新手来说，编程学习必须通过大量练习来巩固知识。许多初学者误以为理解语法等同于掌握编程，这是常见的学习误区。一方面，不练习很容易遗忘；另一方面，在实际编写代码时，可能会发现与想象中的结果存在出入。因此，一定要亲自练习编写代码。

具体来说，有以下3点需要注意。

· 模仿练习：重现教材示例代码，确保掌握基础语法。

· 独立解题：先自主完成练习题，再对照参考解法。

· 实验验证：针对疑问点设计测试代码，通过实证检验假设。

（2）应对遗忘的策略

忘记学过的内容是很正常的现象，不必过于担心。初学者遗忘低频使用的语法属于正常现象。

建议的解决方法如下。

- 心态：不要因为忘记而焦虑，继续学习后续内容。忘记是正常的，理解才是关键。
- 行动：对于常用语法，多练习自然会记住；对于不常用的语法，建立“用时查阅”的弹性学习机制。

总之，不要死记硬背，而是要学会构建知识网络，构建概念关联体系辅助记忆。

（3）学会利用工具

在学习编程的过程中，要学会利用现代工具来辅助学习。

- AI辅助：利用智能编程助手进行实时答疑。
- 搜索引擎：精准提取错误信息进行网络检索。
- IDE功能：善用代码补全、调试工具等开发环境特性。

（4）学习深度的把控

在学习编程时，要有“不求甚解”的态度。许多语法知识需要在实际使用中才能深刻理解。即使当时没有完全理解，也不必过于纠结，可以采用渐进式理解的方式来反复强化理解。

以TypeScript泛型为例，可以按以下方式学习。

- 初级阶段：了解基本语法形式。
- 中级阶段：通过实际案例体会应用场景。
- 高级阶段：深入理解类型系统设计原理。

（5）高效学习实践

- 思维可视化：采用思维导图构建知识关联。
- 费曼技巧：通过教学输出检验理解程度。
- 知识卡片：建立可检索的知识单元。

总之，编程学习是一个螺旋上升的过程，需要学习者保持持续练习的耐心和接受模糊的智慧。

2.4 TypeScript 基础语法

2.4.1 Hello World程序实践

首先访问TypeScript的官网，如下图所示。

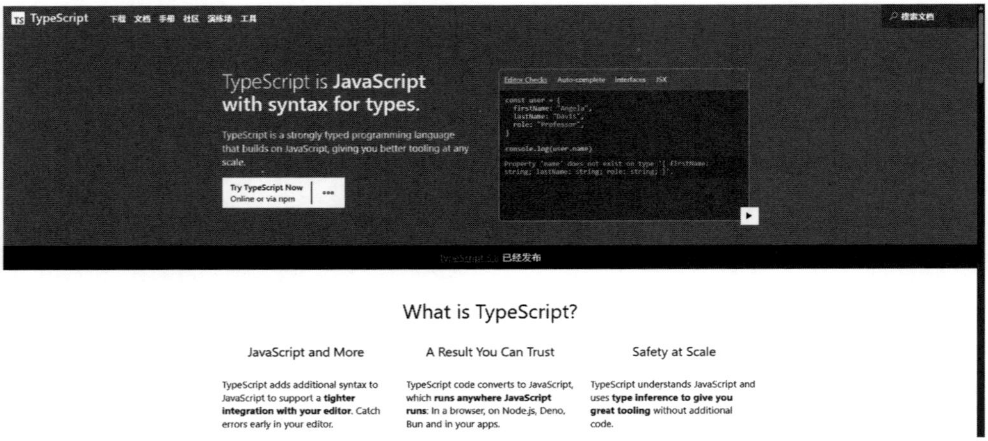

在访问官网后，用户可通过点击导航栏上方的“演练场”功能入口，进入在线编程环境，开始编写代码。

该编程界面采用左右分栏式设计，左侧为代码编辑区域，右侧实时呈现代码执行结果。用户可通过切换“JS”或“日志”两种显示模式查看输出的内容，其中“日志”模式为常规推荐选项。

在版本兼容性方面，界面左侧提供SDK版本选择功能。基于与Cocos引擎的适配性考虑，建议优先选用4.0或4.1版本，以确保TypeScript语法支持的一致性。编辑区域允许用户清除预设代码模板，直接进行自主编程实践。

需要特别说明的是，系统会自动将TypeScript源代码编译为JavaScript目标代码，并在右侧的“JS”选项卡中同步显示。这一机制源于TypeScript作为

JavaScript超集的语言特性，确保所有有效的TypeScript代码均可转换为标准的JavaScript代码执行。

现以Hello World示例程序演示基础操作流程，在左侧的编辑区输入以下代码。

```
console.log("Hello World");
```

console.log()是JavaScript中用于向浏览器开发者工具的控制台输出日志信息的核心方法。该方法名称由两部分组成："console"指代控制台对象，"log"表示日志记录功能。其标准调用方式为在括号内传入需要输出的内容，例如字符串Hello World将被完整地显示在控制台区域。

执行代码后，开发者可通过在浏览器界面按F12键调出控制台面板，在Console标签页查看运行结果。当输出内容为对象时，控制台会以结构化形式清晰地展示其属性。该方法主要用于代码调试环节，可实时监测变量状态和程序执行流程。

在语法规范方面，JavaScript语句通常以分号作为结束符，以明确代码边界。虽然TypeScript等衍生语言支持省略分号的写法，但保持分号的使用仍是推荐的编码习惯。

```
console.log("Hello World1");
console.log("Hello World2");
console.log("Hello World3");
```

在程序执行过程中，代码的解析与运行遵循严格的顺序执行原则。

程序按照代码的书写顺序逐行解析执行。首行语句执行完毕后，系统自动转入第二行继续执行，以此类推，形成执行链。这种同步执行模式确保了程序逻辑的确定性。

该执行模型是计算机程序的基础运行逻辑，理解其机制对调试复杂程序尤为重要。开发者应特别注意，异步操作（如Promise、setTimeout）虽然会改变实际执行时序，但代码解析阶段仍遵循顺序读取原则。

通常每一行语句都会通过分号进行分隔。虽然TypeScript等现代语言支持省略分号的写法，但保持显式分隔仍被推荐。

特别地，如果要在一行中放置多条语句，则必须用分号分隔。

```
console.log("1");console.log("2");
console.log("Hello World3");
```

2.4.2 字符串

字符串（String）是编程语言中用于表示文本数据的基本数据类型，由一系列有序的字符序列构成。这串字符可以是任何字符，包括英文、中文、字母、符号等。字符串必须使用成对的引号作为定界符，支持英文单引号（'）或双引号（"），例如 "Hello" 或 '你好' 都是字符串。在程序中，字符串必须通过引号括起来，否则编译器会报错。

2.4.3 程序注释

在软件开发过程中，注释是指通过特定符号标记的、用于解释代码功能的非执行文本内容。通常采用双斜杠“//”作为单行注释的符号。

注释的核心价值主要体现在以下3个方面。

• 代码可维护性：当开发人员编写大规模代码时，未经注释的代码段在经过较长时间后，其设计意图和实现逻辑往往难以追溯。规范的注释能有效避免“代码遗忘”现象。

• 团队协作效率：在多人协作项目中，注释作为代码的补充说明，可以显著降低其他开发者的理解成本。

• 文档生成基础：现代IDE工具可通过标准注释自动生成API文档，如Java的Javadoc、Python的Docstring等。

需要特别注意的是，注释内容不会被编译器解析执行。在代码编译阶段，所有注释文本都将被预处理机制自动过滤，因此不会影响程序的运行性能。

```
// 我是一条注释
console.log("Hello World1");
console.log("Hello World2");
console.log("Hello World3");
```

在软件开发领域，编译器和运行器是两个具有明确分工的核心组件。编译器（Compiler）的主要职能是将高级编程语言编写的源代码转换为计算机可执行的机器代码或中间代码，典型的应用场景包括将TypeScript代码编译为JavaScript代码。运行器（Runtime）则负责实际执行编译后的代码，例如浏览器内置的JavaScript引擎就是典型的代码运行环境。

在编译过程中，所有注释内容都会被预处理器自动过滤，仅保留有效代码。

注释类型主要包括以下两种。

• 单行注释：采用双斜杠“//”作为起始标识符，从该符号至行尾的所有字符均被视为注释。

• 多行注释：使用“/”和“/”作为定界符，两个符号之间的所有内容（可跨越多行）均被识别为注释。

这种技术设计确保开发人员可以自由添加说明性文字而不会影响程序的编译执行过程，同时为代码维护提供了必要的文档支持。

```
// 我是一条注释
/*
多行注释
多行注释
多行注释
*/
```

2.4.4　程序错误处理

在程序开发过程中，错误主要分为以下两类。

语法错误（Syntax Error）

• 特征：代码不符合编程语言的语法规范。
• 处理机制：编译器/解释器在解析阶段会立即终止执行并报错。
• 示例：缺少分号、括号不匹配等基础语法问题。

运行时错误（Runtime Error）

• 特征：代码语法正确，但执行时出现异常。
• 处理方式：需要根据具体错误类型进行调试分析。
• 常见类型：空指针异常、数组越界、类型转换错误等。

2.4.5　开发环境常用快捷键

Windows/Linus系统

下面介绍常用快捷键。

快捷键	功能描述	快捷键	功能描述
Home	将光标移至行首	Ctrl + Z	撤销上一步操作
End	将光标移至行尾	Ctrl + X	剪切选中内容
Ctrl + A	全选当前内容	Ctrl + C	复制选中内容
Ctrl + S	保存当前文件	Ctrl + V	粘贴剪贴板内容

macOS系统

在macOS环境中，前面表格中“快捷键”列中的Ctrl键需替换为Command (⌘) 键，其他操作逻辑一致。

2.4.6 字符编码规范说明

在编程实践中，需要特别注意字符编码格式。

半角字符指标准ASCII字符（占1字节），是编程语言默认支持的字符格式，包括英文字母、数字、标准符号等。

全角字符则是东亚文字编码（通常占2字节），包括中文与中文标点等。

在编程中，全角字符是不被识别的，可能会引发语法解析错误。建议开发时保持输入法处于半角模式，特别注意标点符号的输入状态。

2.5 数据类型与变量

数据类型在编程语言中的核心功能在于实现变量的声明。要深入理解这一机制，必须首先厘清两个基本概念：其一是变量本身，其二是变量的声明过程。下面对这两个关键概念展开具体说明。

2.5.1 变量

变量作为程序设计中存储数据的基本单元，其功能本质在于存储数据。此处需明确两个关键问题：数据的定义及存储它的必要性。

在计算机系统中，所有程序均运行于硬件环境之上。现代计算机具备多元化功能，包括但不限于即时通信（如微信）、多媒体处理（视频/图像播放）、文本阅读及娱乐应用。这些功能所涉及的字符信息（中英文字符）、图像数据、视频流等，本质上均属于数据的范畴。计算机的核心功能正是对这些数据进行处理，因而各类应用软件（视频播放器、社交工具、游戏引擎等）本质上都是数据处理工具。

既然程序的核心任务是数据处理，那么必须存在相应的数据存储机制，这一机制通过变量实现。变量（Variable）的命名即揭示其本质特征：“变”指代可变更性，“量”则表征数据实体。例如，某变量初始存储数值为1，后续可更改为2或3，这种可变性正是其命名的由来。

从实现角度看，变量可类比为数据容器，其功能类似于现实生活中的器皿（如水杯盛装液体、箱体收纳物品）。不同容器对应不同的用途，程序中的变量同样存在类型区分，以适应不同数据类型的存储需求。

需要注意的是，容器有很多种类型。生活中的容器有各种各样的形状和用途，例如水杯、箱子等。同样，程序中的变量也有多种类型，用来存储不同类型的数据。

在计算机中，主要有两大类数据类型。第一类是数字，包括整数（如2、30、-8）和小数（如3.0、0.3、-2.5）等。第二类是字符串，字符串是由字符组成的序列，可以包含字母、数字、符号等。在编程中，用引号括起来的内容代表字符串。例如，""（两个引号中间没有任何字符）就是一个字符串，虽然它没有内容，但仍然被称为空字符串。字符串可以包含一个字符，例如"a"，也可以是一个空格——空格也是一个字符，因此" "（中间是一个空格）也是一个有效的字符串。此外，"abc"是由多个字符组成的字符串。也就是说，字符串可以包含中文、英文，甚至是键盘上可以输入的任何字符。这些字符组合在一起就构成了字符串。字符串和数字是计算机中最主要的两类数据。

举个例子，社交软件中的文字消息（无论中文/外文）在程序中均以字符串的形式处理。

变量的物理存储依托于计算机的内存硬件，其工作机制依赖内存。

内存是计算机硬件中的一个重要组件，其外观通常呈细长条状，长度大约为11厘米，与一个成年人的手掌长度相近。在计算机中，数据是以编码的形式存储的，与现实生活中的物理物品不同，它们并不需要占用很大的空间。随着技术的不断发展，内存的体积正在逐渐缩小，而其存储容量却在不断增大。

我们可以将内存类比为快递柜的格子化存储系统，每个存储单元具有唯一编号（地址标识）。

同样，在计算机中，内存也有地址。当声明一个变量（即创建变量）时，程序会向计算机的内存管理系统申请一块空间。一旦申请成功，内存管理系统会分配一个地址给这个变量。每个变量都对应一个这样的存储空间，每个空间都有一个唯一的地址，即内存地址。因此，每个变量都对应一个内存地址。

在计算机中，有一个重要的概念叫作“寻址”。寻址就是根据内存地址去查找该地址中存储的内容。这个过程非常关键，它可以帮助计算机快速定位和访问数据。通过寻址，计算机可以根据内存地址找到对应的变量或数据。了解这个概念可以帮助大家更形象地理解计算机内存的工作原理，以及变量和数据之间的关系。

2.5.2 声明变量

接下来将通过程序为大家讲解如何在编程中真正地存储数据。

首先，在程序中，通常会先声明一个变量，这一过程也被称为变量的声明。声明变量时，使用let关键字。let是用于声明变量的关键字，其后跟随的是变量名。变量名就像一个容器的标签，通过它可以方便地引用该容器。例如，如果要存储一个数字，可以将变量命名为num。

接下来需要指定变量的类型。类型的作用是告知计算机该变量将用于存储何种类型的数据。不同的类型只能存储同一类数据，例如数字类型、字符串类型等。如果要存储数字，可以像下面这样声明。

```
let num: number;
```

这里，number表示数字类型，意味着num这个变量只能存储数字，包括整数、小数和负数。

那么，如何将数据存储到变量中呢？可以使用赋值操作，如下面的示例。

```
let num: number;
num = 123;
```

这行代码的意思是将数字123存储到变量num中。在编程中，等号（=）的作用是赋值，即将右边的值赋给左边的变量。这与数学中的等号不同，数学中的等号表示左右两边相等，而编程中的等号表示将右边的值存入左边的变量中。

下面通过console.log()来输出变量的值。

```
let num: number;
num = 123;
console.log(num);
```

运行这段代码后，控制台会输出123。这是因为当使用变量num时，实际上是在使用它所存储的数据。

需要注意的是，变量中存储的数据是可以更改的，如下面的示例。

```
let num: number;
num = 123;
num = 456;
num = 100;
console.log(num);
```

当程序从上到下执行时，num的值会被依次更新。最终，num的值将是100，因为最后的赋值操作将100存储到了num中。

如果尝试将不同类型的数据赋值给变量，程序会报错。

```
let num: number;
num = "1"; // 会报错
console.log(num);
```

因为字符串类型的数据不能赋值给数字类型的变量。在TypeScript中，变量是有类型的，一旦声明了类型，就只能存储对应类型的数据。

此外，变量的声明还可以有一种更简洁的方式，即在声明变量的同时直接赋值，这种方式也被称为初始化。如下面的示例。

```
let num: number = 100;
```

这种方式可以在声明变量时直接给它一个初始值，后续也可以根据需要修改它的值。

2.5.3　字符串类型

字符串是一种基本的数据类型，用于表示文本内容。例如，当需要存储一个人的名字时，就可以使用字符串类型。

在TypeScript中，声明一个字符串类型的变量非常简单。

```
let name: string;
```

这里，string表示这是一个字符串类型的变量。字符串类型的变量可以存储任何文本内容，如名字、地址、信息等。

在TypeScript中，字符串可以用双引号（"）或单引号（'）来定义。

```
let name: string = "Clark";  // 使用双引号
let nickname: string = 'Superman';  // 使用单引号
```

虽然两种方式都可以，但通常更倾向于使用双引号来定义字符串。这是因为双引号在代码中更常见，也更符合大多数编程语言的习惯。

在程序开发中，number类型（数字类型）和string类型（字符串类型）是最常用的两种数据类型。几乎所有的数据都可以归结为这两种类型。当然，除了这两种类型，还有一些其他类型，会在后续逐步讲解。

2.5.4　变量命名规则

变量名的命名规则主要包括以下3点。

组成元素：变量名只能由字母（A～Z、a～z）、数字（0～9）、下划线（_）和美元符号（$）组成。其中，美元符号（$）在实际使用中较为少见，因此可以认为变量名主要由字母、数字和下划线组成。

首字符限制：变量名不能以数字开头。例如，2age是不合法的变量名，而age2则是合法的。

关键词限制：变量名不能是编程语言中的关键词。关键词是具有特殊语法意义的单词，例如let用于声明变量，number表示数字类型。因此，变量名不能使用这些关键词，否则会导致语法错误。

此外，变量名不能重复。如果两个变量使用了相同的名称，计算机将无法区分它们，这就好比给两个孩子起了一模一样的名字，无法区分一样。

在编程中，变量名需要既简洁又具有描述性。如果变量名过短（如a），则无法直观地表达其含义；而如果变量名过长（如mystudentfriendage），则会显得冗长且不易阅读。

为了提高代码的可读性，通常会使用以下两种命名方法。

驼峰命名法

驼峰命名法是从第二个单词的首字母开始大写的，例如，mystudentage可以写成myStudentAge。这种命名方式既简洁又易于阅读，能够清晰地表达变量的含义。

下划线分隔法

另一种常见的命名方式是使用下划线来分隔单词，例如my_age。这种方式同样可以提高代码的可读性，具体使用哪种方式取决于个人或团队的偏好。

2.5.5 安全类型

在TypeScript中，如果在声明变量时没有指定其类型，那么它会被默认为“安全类型”，即可以存储任何类型的数据。如下面的示例。

```
let myAge;
myAge = 'a';  // 合法
myAge = 100;  // 合法
```

这种变量的值和类型都可以随时更改，类似于JavaScript中的变量。然而，TypeScript的设计初衷是提供类型安全性，因此建议在声明变量时尽量明确指定其类型，避免使用“安全类型”。

变量的命名规则和方法是编程的基础内容。合理的命名可以提高代码的可读性和可维护性。在实际项目中，团队通常会制定统一的命名规范，只需遵循这些规范即可。需要注意的是，尽量避免使用“安全类型”，以确保代码的类型安全。

2.5.6　布尔类型

布尔类型其实非常简单，它只有两个值：true和false。如下面的示例。

```
let a: boolean;
```

这就是布尔类型，它可以赋值为true或false。true表示“是”或“对”，而false表示“否”或“错”。布尔类型只有这两个值，非常直观易懂。

为什么使用true和false，而不是其他值呢？这主要是因为它们的含义非常明确，方便理解。在程序中，需要进行各种判断，例如判断一个人是否成年，可以像下面这样声明一个变量。

```
let isAdult: boolean;
```

这种判断的结果只有两种情况：要么是true，要么是false。因此，布尔值非常适合用来表示判断的结果。

在程序运行过程中，经常需要根据条件执行不同的逻辑。例如，在游戏开发中，需要判断玩家的位置、附近是否有商店、是否有敌人，或者血量是否小于0。此时可以通过布尔值来标记这些状态。

```
let isDeath: boolean = false;
```

如果血量小于0，则可以将isDeath设置为true，表示玩家已经死亡。布尔值主要用于标记状态或存储条件判断的结果，是程序中常用的类型。

在计算机底层存储中，true通常用1表示，false通常用0表示。但在编程中使用true和false，因为它们比1和0更直观。

一般来说，true 表示“是”“真”或“满足条件”，而 false 表示“否”“假”或“不满足条件”。例如，判断一个人是否成年，如果满足条件，则为 true，否则为 false。

除了true和false，在不同的条件判断中，true和false也有不同的含义，可以简单理解为：true表示“对”，false表示“不对”。

在TypeScript中，除了布尔类型，还有以下常用类型。

- number：数字类型。

- string：字符串类型。
- enum：枚举类型。
- any：类似于JavaScript的动态类型，分为显式和隐式。
- unknown：与any类似，但不会影响其他类型。
- void：无返回值。
- never：没有值，不能是任何值。
- 数组：可变长度的集合。
- 元组：固定长度的数组。
- object：对象类型。

此外，还有一些特殊的值。

- undefined：未赋值的变量。
- null：空对象。

在本书中不会涉及所有类型，因为有些类型并不常用。不常用的内容，大家可以自行去官网了解。

2.5.7 枚举类型

枚举类型（enum）作为编程中的特殊数据类型，其核心价值在于定义有限的常量集合。为具体说明其应用场景，下面以性别存储为例展开分析。

性别只有两种：男或女。如果使用中文，可以写成“男”或“女”；如果使用英文，可以写为“man”或“woman”，也可以写为“male”或“female”。在编程中，尽量使用英文，包括变量名等，除非某些字符串内容需要包含中文。那么，如何在程序中表示性别呢？最直接的方法是使用字符串。

```
let gender: string = "male";
```

如果要改变性别，可以直接将其改为“female”。

```
gender = "female";
```

在游戏开发中，怪物性别作为生物属性的核心参数，其设计直接影响游戏角色的行为模式和技能表现。游戏中的怪物通常采用二元性别划分，即雄性（公）与雌性（母）两种基础形态，这种区分不仅体现在外观特征上，更重要的是会关联到差异化的技能配置体系。

动态性别变更机制是提升游戏趣味性的重要设计方向。通过特定的技能或道具，怪物可以实现性别的双向转换，包括从雄性转变为雌性，或从雌性转变为雄性的完整流程。

如果要判断性别，代码如下。

```
gender == "male";
```

使用双等号（==）进行字符串比较是常见的判断方式，但这种方法存在潜在风险。当字符串存储性别时，开发者需要准确输入“male”或“female”等完整的拼写，任何拼写错误（如将“male”误写为“mele”）都可能导致程序逻辑错误。由于字符串比较不会触发编译错误，这类问题往往在运行时才会显现，增加了调试难度。

为了避免这种问题，可以换一种方式来存储性别。性别只有两种——男和女。布尔类型也有两个值：true和false。那么，是否可以用布尔类型来表示性别呢？例如，用true表示男性，用false表示女性。

从技术优化角度考虑，布尔类型确实可以作为性别的替代表示方案。因为布尔值仅有true和false两种状态，与性别的二元特性相吻合。此外，采用布尔类型能够有效地避免拼写错误，简化判断逻辑，提升代码执行效率。

然而，这种方案存在明显的伦理缺陷——将性别简化为布尔值可能被解读为价值判断，特别是当true对应男性而false对应女性时，容易引发性别歧视的争议。

不过，从技术角度来看，这种方法确实可以减少错误。在进行判断时，可以像下面这样写。

```
gender == true;
```

布尔类型虽然能有效地避免拼写错误，但其二元特性带来了记忆负担问题。开发团队必须建立并严格遵守编码规范，明确true代表男性、false代表女性的约定。这种约定一旦被遗忘或误解，就可能引发逻辑错误。例如，新加入的开发者可能误认为true代表女性，导致系统行为与设计意图相悖。虽然这类错误不会触发语法检查，但可能造成严重的游戏逻辑问题。

数字类型作为替代方案，提供了更灵活的表示空间。开发者可以定义0表示女性、1表示男性，或者采用其他数字编码方案。数字类型的优势在于其扩展性强，可以轻松适应未来可能增加的性别选项。

```
let gender: number = 1;
gender == 1;
```

然而，数字类型同样面临编码规范记忆的问题，且数字与性别的对应关系缺乏直观性。更关键的是，数字类型可能引发边界值问题，当输入超出预定范围时，系统需要额外的错误处理机制。

为了避免这些问题，可以使用一种更安全、更清晰的方式来表示性别，这就是枚举类型（enum）。

首先，枚举类型与之前的number和string类型有所不同。number和string是可以直接使用的内置类型，而枚举类型需要分两步来使用：先定义枚举类型，再使用它。

枚举类型通过enum关键字定义。例如，定义一个性别枚举类型。

```
enum Gender {
    Male,
    Female
}
```

这里，enum是定义枚举的关键字，Gender是枚举的名称。在大括号{} 中，列出了枚举所有可能的值。对于性别来说，只有两种值：Male（男性）和Female（女性）。枚举值之间用逗号分隔。

定义了枚举类型后，就可以使用它来声明变量了。如下面的示例。

```
let g: Gender;
g = Gender.Male;
```

在这里，Gender是定义的枚举类型，g是一个变量，它的类型是Gender。可以通过Gender.Male或Gender.Female来为变量赋值。

枚举类型的优势如下。

- 见名知义：Male和Female的含义非常明确，一看就知道是男性和女性。
- 避免拼写错误：如果写错了枚举值，编译器会报错，从而避免类似字符串拼写错误的问题。
- 类型安全：枚举类型限制了变量的取值范围，变量的值只能是枚举中定义的值。

再举个例子，假设需要存储颜色，有3种颜色：红色、蓝色和绿色。如果使用number类型，可能会用数字1、2、3 来表示这3种颜色，但这不够直观，容易出错。而使用枚举类型可以像下面这样定义。

```
enum Color {
    Red,
    Blue,
    Green
}
```

然后声明一个颜色变量。

```
let c: Color = Color.Red;
```

通过枚举类型可以清晰地知道Color.Red表示红色，Color.Blue表示蓝色，Color.Green表示绿色。这种方式不仅直观，还避免了数字类型容易混淆的问题。

枚举类型适用于值有固定几种情况的场景。例如：

在开发游戏时，可以定义一个枚举类型来表示英雄的类型。假设英雄有5种类型：坦克、射手、辅助、刺客和法师，可以像下面这样定义。

```
enum HeroType {
    Tank, // 坦克
    Marksman, // 射手
    Support, // 辅助
    Assassin, // 刺客
    Mage // 法师
}
```

然后声明一个英雄类型变量。

```
let heroType: HeroType = HeroType.Mage;
```

如果游戏中有多种敌人类型，也可以通过枚举类型来定义它们。

总之，枚举类型是一种非常实用的类型，它可以让代码更加清晰、易读，并且减少错误。

2.6　常量与字符串拼接

2.6.1　常量

在计算机程序设计中，变量与常量作为两种基础的数据存储机制，其核心差异主要体现在数值的可变性特征上。变量作为动态存储单元，允许在程序执行过程中进行多次赋值操作，这种特性使其成为实现程序逻辑流程控制的关键要素。开发人员可以通过变量存储临时计算结果、用户输入的数据，以及各种中间状态值，其灵活的可修改特性满足了程序运行时的动态需求。

常量代表固定不变的数据实体，其数值在初始化后即进入不可修改状态。这种不可变性特征使常量特别适合存储程序配置参数、数学常数等需要保持稳定的基准值。从程序安全性的角度考虑，常量的使用能够有效避免因意外修改导致的数据不一致问题。现代编程语言通常会对常量实施严格的保护机制，包括编译时的类型检查，以及运行时的写入拦截，从而确保程序稳定执行。变量中的值是可以改变的，而常量中的值是不能改变的。

例如，可以通过以下代码声明一个变量。

```
let a: number = 4;
```

这里，变量*a*的值可以随时更改，例如可以改为12，或者再改为23。

常量的声明通过const关键字实现。该关键字源自英文constant（意为“恒定的、不变的”）的缩写，明确表达了其不可变的本质特性。与使用let或var声明的变量不同，使用const声明的常量在初始化后不能被重新赋值，这为程序提供了更强的确定性和安全性。

```
const b: number = 1;
```

这里声明了一个名为b的常量，它的类型是number。一旦声明，b的值就不能再被修改。如果尝试将其改为10，程序会报错。

在软件开发过程中，常量的声明机制具有重要的工程价值。初学者可能会产生疑问：为何需要特别声明常量？其核心目的在于建立防护机制，防止程序在运行过程中被意外修改。以数学常数圆周率π（3.141592……）为例，其作为计算圆形几何属性的基础参数，其数值具有绝对确定性。通过声明为常量，可以从语法层面杜绝人为误操作导致的值变更，有效维护计算逻辑的正确性。

在行业实践中，形成了约定俗成的常量命名规范（虽非语法强制要求）：采用全大写字母的命名方式。例如，圆周率常量的标准声明形式如下。

```
const PI: number = 3.1415926;
```

通过大写命名，可以更直观地识别这是一个常量，而不是普通变量。这种命名方式在实际项目中非常常见，有助于提高代码的可读性。

常量的使用方式与变量类似，也可以用于各种运算。

```
const PI: number = 3.1415926;
let radius: number = 5;
let circumference: number = 2 * PI * radius;
console.log(circumference);  // 输出结果
```

常量和变量一样，都是存储数据的容器，但常量的值一旦声明就不能更改。常量的主要作用是防止误操作，确保某些固定值不会被意外修改。在实际开发中，合理使用常量可以提高代码的稳定性和可维护性。

2.6.2 字符串拼接

字符串拼接是一种非常常见的操作，它的实现非常简单，只需使用加号（+）即可。

```
let s: string = "hello";
let s1 = s + " world";
```

这里，s是一个字符串变量，值为“hello”。通过+操作符，将“hello”和“world”拼接在一起，最终得到“hello world”。

在程序开发中，字符串拼接的一个常见用途是输出完整的表达式。例如，想输出一个乘法运算的结果。

```
let a: number = 11;
let b: number = 22;
let result = a * b;  // 计算乘法结果
console.log(result);  // 输出结果
```

这样可以正常输出乘法的结果，但如果想输出完整的乘法表达式，例如11×22=242，就需要用到字符串拼接。

```
console.log(a + "x" + b + "=" + result);
```

这里通过“+”操作符将数字和字符串拼接在一起。需要注意的是，当其他类型（如数字）与字符串拼接时，其他类型会被自动转换为字符串。

如下面的示例。

```
console.log("3" + 1 + 2);
```

运行结果是312。这是因为表达式是从左到右执行的：首先计算"3" + 1，结果是31（数字1被转换为字符串）。然后计算"31" + 2，最终结果是312（数字2也被转换为字符串）。

如果改变顺序，进行结果则不同，如下面的示例。

```
console.log(1 + 2 + "3");
```

上面代码的运行结果是33。这是因为：首先计算1 + 2，结果是数字3。然后计算3 + "3"，最终结果是33（数字3被转换为字符串）。

总之，当其他类型与字符串拼接时，其他类型会被转换为字符串，并按照字符串拼接的规则进行操作。

虽然使用“+”可以实现字符串拼接，但这种方式在复杂的表达式中可能会显得烦琐。TypeScript提供了一种更简洁的方式——字符串模板。如下面的示例。

```
console.log(`${a}x${b}=${result}`);
```

这里使用了反引号（`）来包裹整个表达式，并通过“${}”语法插入变量的值。这种方式不仅更简洁，而且可读性更高。

2.7 转义字符

转义字符是在字符串中通过\（反斜杠）来实现特殊功能的字符。例如，\n表示换行，\t表示制表符，而\\ 则表示一个普通的反斜杠。这里通过一些示例来理解它们的作用。

首先执行以下代码。

```
console.log("helloworld");
```

现在在字符串中间加入一个换行符\n。

```
console.log("hello\nworld");
```

运行后输出结果发生了变化。

```
hello
world
```

\n在这里起到了换行的作用。这是因为\n是“new line”（新的一行）的缩写，它会将字符串分割成两行。

接下来再看一个例子。

```
console.log( “hello\tworld” );
```

运行后输出结果中多了一个空格。

这里\t并不是普通的空格，而是一个制表符。制表符通常用于对齐文本，它在键盘上对应的是Tab键。在大多数情况下，制表符会被解释为4个空格，但不同的编辑器可能会有不同的显示效果。因此，\t的主要作用是插入一个制表符。

关于转义字符，还有许多，大部分用得不多，这里主要介绍\n和\t。这两种是比较常用的。

接下来再来看一个特殊的例子：如何在字符串中输出一个反斜杠\。

直接输入以下代码。

```
console.log("hello\world");
```

通过输出结果会发现w没有被转义，直接输出了，而\也没有出现。这是因为\是一个转义字符，它本身具有特殊作用。程序会尝试将\后面的字符转义，但由于\w没有对应的转义含义，所以它不会产生任何效果，w会被正常输出。

那么，如何在字符串中输出一个反斜杠\ 呢？答案是使用两个反斜杠\\。

```
console.log("hello\\world");
```

这样，程序会将两个反斜杠解释为一个普通的反斜杠，输出结果如下。

```
hello\world
```

最后来看一个关于引号的问题。假设想在字符串中包含一个双引号""，但字符串本身是用双引号引起来的。如下面的示例。

```
console.log("hello"world");
```

运行后会发现代码报错。这是因为程序在读取字符串时，遇到第一个双引号时，会认为字符串开始了，而遇到第二个双引号时，会认为字符串结束了。因此，后面的字符会被认为是无效的，导致语法错误。

解决方法有以下两种。

- 使用单引号将字符串引起来：如果想在字符串中包含双引号，可以用单引号将整个字符串引起来。

```
console.log('hello"world');
```

这样，程序会从第一个单引号开始读取字符串，直到遇到下一个单引号为止，中间的双引号会被视为普通字符。同样，如果想在字符串里面显示单引号就用双引号引起来。

- 使用转义字符：另一种方法是使用转义字符\ 来转义双引号。

```
console.log("hello\"world");
```

这样，\会将双引号"转义，使其不再被视为字符串的分隔符，而是普通字符。

通过以上几种方式，可以在字符串中灵活地使用特殊字符。

2.8　数组类型

数组类型也是比较常用的。为什么需要数组类型呢？下面举个例子。假设要定义一个变量来存储分数，如果只存储一个分数，可以像下面这样写。

```
let score = 100;
```

然而，面对班级50名学生成绩存储的场景，若采用定义50个独立变量的方式，将导致代码冗余且难以维护。此时，数组数据结构便展现出其独特的优势，可以像下面这样写。

```
let class1: number[];
```

这里，class1代表一班所有学生的分数，number[]表示这是一个数字类型的数组。数组与普通变量声明的核心区别在于类型后缀的中括号[]，这一语法标记直观地体现了数据的集合特性。

数组赋值操作可通过中括号语法实现，元素间以逗号分隔，示例代码如下。

```
let class1: number[] = [23, 12, 61, 42, 23, 11, 22];
```

该语法支持存储任意数量的数据项，相较于定义多个独立变量（如50个分数变量），数组结构显著提升了数据管理的效率和可维护性。

定义数组还有另一种方式。

```
let class2 = [23, 12, 61, 42, 21, 23, 11, 22, 99];
```

这里没有指定类型，系统会自动判断类型，这样也是可以的。

数组的数据存储能力不局限于数值类型。以存储班级学生姓名为例，可采用字符串数组的形式实现，具体语法示例如下。

```
let names = ['lily', 'lucy', 'zhangsan', 'lisi'];
```

在编程规范中，建议保持数组元素的类型一致性。然而从技术实现角度来看，JavaScript等动态类型语言确实支持混合类型数组的声明，示例如下。

```
let names = ['lily', 'lucy', 'zhangsan', 'lisi', 23];
```

虽然此类语法在编译层面可以通过，但出于代码可维护性和类型安全的考虑，在实际开发中应当避免这种混合类型的数组声明方式。最佳实践推荐单个数组仅存储同类型数据元素。

数组元素的访问需通过数组名配合索引操作符实现，其语法形式为“数组名[索引]”，示例如下。

```
names[1];
```

在数组数据结构中，每个元素均对应唯一的索引值，索引编号遵循从0起始的计数规则，依次为第0个元素、第1个元素、第2个元素等。这种索引机制类似于为每个元素分配唯一的序号，但需特别注意，编程领域普遍采用从0开始计数的规范，这与日常生活中从1开始计数的习惯存在差异。

当需要获取特定位置的数据时，如获取第一个学生的姓名和分数，可采用如下访问方式。

```
console.log(names[0], class1[0]);
```

数组元素具有可修改的特性。以修改1号学生的分数为例，操作方式如下。

```
class1[0] = 100;
console.log(class1[0]);
```

在数组操作过程中，需注意若干特殊情形。例如，访问超出数组范围的索引。

```
console.log(class1[200]);
```

由于数组中实际不存在第200个元素，此时程序将返回undefined值，该返回值表示“未定义”状态。关于有效规避此类情况的详细方法，将在后续数组遍历操作的教学环节中予以系统阐述。

在编程实践中，undefined值不仅出现在数组越界访问的情况中，同样会出现在变量未初始化的场景中。

```
let a: number;
console.log(a);
```

上述代码声明了数值类型变量*a*但未进行赋值操作，此时程序因无法确定变量值而返回undefined状态。要养成良好的编程习惯，建议在变量声明时即进行初始化赋值，以避免此类情况发生。

接下来将介绍数组的常规操作方法。这些操作本质上属于预定义的方法（method），在编程术语中也称为函数（function）。关于函数的详细概念将在后续章节系统讲解，此处先简要说明。以console.log()为例，其中的log即一个标准函数。函数调用的基本语法为函数名后接圆括号，括号内可传入所需处理的参数数据，整个调用过程即通过此标准形式完成。

在数组操作过程中，开发者可调用多种预定义函数及访问特定属性。首先进行数组定义。

```
let scores = [3, 4, 2, 23, 3, 44, 5, 66, 1];
```

该数组用于存储数值型分数数据。若需获取数组所含元素的数量，可通过以下代码实现。

```
console.log(scores.length);
```

数组对象内置length属性，该属性可直接反映当前数组长度。需特别注意的是，当length作为属性而非方法使用时，其调用方式为直接访问而非函数调用（即无须添加括号）。此属性在编程实践中具有高频应用价值，尤其是在数组遍历等场景中作用显著。

关于数组的常用操作方法，均需通过数组实例进行调用，其标准语法格式为“数组实例.方法名()”。

接下来看一下数组中常用的方法。

push方法

push方法用于在数组末尾添加一个新元素。例如，在数组末尾添加一个100。

```
scores.push(100);
```

pop方法

pop方法用于删除数组末尾的一个元素。

```
scores.pop();
```

unshift和shift方法

除了在数组末尾添加或删除元素，还可以在数组的开头添加或删除元素。

unshift方法用于在数组开头添加一个元素。

```
scores.unshift(1);
```

shift方法用于删除数组开头的一个元素。

```
scores.shift();
```

splice方法

splice方法用于删除数组中的一段元素。它的第一个参数是起始索引（即从哪个位置开始删除），第二个参数是删除的元素个数。例如，从索引4开始删除3个元素。

```
scores.splice(4, 3);
```

concat方法

concat方法用于合并两个数组。

```
let arr2 = [100, 200, 300];
let newArr = scores.concat(arr2);
```

通过concat方法，可以将scores和arr2合并成一个新的数组。注意，concat方法不会修改原始数组，而是返回一个新的数组，需要通过变量接收。

indexOf和lastIndexOf方法

indexOf方法用于查找数组中某个元素的索引。

```
scores.indexOf(66);
```

如果数组中有多个相同的元素，indexOf会返回第一个匹配元素的索引。如果需要返回最后一个匹配元素的索引，可以使用lastIndexOf方法。

```
scores.lastIndexOf(3);
```

如果要查找的元素不存在于数组中，indexOf和lastIndexOf都会返回-1。

sort和reverse方法

sort方法用于对数组进行排序。默认情况下，它会按照字符串的Unicode码点顺序进行排序，这可能导致数字排序出现问题。如下面的示例。

```
let scores = [3, 4, 2, 23, 3, 44, 5, 66, 1];
scores.sort();
```

```
console.log(scores);
```

排序后，23会排在3前面，因为它们被当作字符串处理。

reverse方法用于将数组倒序排列，代码如下。

```
scores.reverse();
```

以上是数组的常用操作。需要说明的是，虽然数组还包含其他功能方法，但上述介绍的均属最基础且高频使用的核心操作。对于编程初学者而言，初次接触这些方法时出现记忆困难属于正常现象。在学习过程中，应当着重培养解决问题的思维模式，当需要进行特定数组操作时，可随时查阅相关方法文档。随着编程实践的持续积累，这些方法的调用将逐渐形成肌肉记忆，最终达到熟练运用的程度。

2.9　字典类型

字典是一种以键值对（Key-Value）的形式存储数据的结构，可以认为它是数组的一种扩展。数组用于存储多个相同类型的数据，而字典则用于存储多个键值对，每个键（Key）对应一个值（Value）。

与数组相比，字典的优点在于可以通过键快速查找对应的值，这使得数据访问更加高效。键值对的形式在实际应用中非常方便，例如，当只知道学生的学号，但需要快速查找其姓名或分数时，字典就能发挥重要作用。

字典的英文是“Dictionary”，它以键值对的形式存储数据，类似于日常使用的目录。目录通过索引查找内容，而字典通过键查找对应的值。键就像目录索引，方便快速定位数据。

字典的定义方式如下。

```
let scoreDict: { [key: number]: number } = {
    1: 90,
    2: 80,
    3: 84,
    4: 95
};
```

这里定义了一个字典scoreDict，用于存储学号（键）和分数（值）。

键值对之间用逗号分隔。如果省略类型声明，程序会根据键值对的形式自动推断其类型。

```
let scoreDict = { 1: 90, 2: 80, 3: 84, 4: 95 };
```

还可以通过键访问对应的值，如下面的示例。

```
console.log(scoreDict[3]); // 输出3号学员的分数
```

如果访问的键不存在，则返回值为undefined。因此，在访问之前最好进行判断，以避免访问未定义的键。

添加键值对的代码如下。

```
scoreDict[89] = 100; // 添加89号学员的分数100
```

删除键值对的代码如下。

```
delete scoreDict[2]; // 删除2号学员的键值对
```

删除后，再次访问该键会返回undefined。

如果想通过学号查找姓名，可以创建一个字典，通过学号查找学生的姓名。

```
let nameDict: { [key: number]: string } = {
    1: 'James',
    51: 'Clark',
    31: 'Jeny',
    42: 'Lucy'
};
console.log(nameDict[31]); // 输出31 号学员的姓名
```

如果需要通过姓名查找分数，可以创建以下字典。

```
let scoreDict: { [key: string]: number } = {
    'James': 80,
    'Clark': 79,
    'Lucy': 100
};
```

当字符串是键时有两种访问方式。

```
console.log(scoreDict['James']); // 使用方括号访问
console.log(scoreDict.James);    // 使用点符号访问
```

两种访问方式都可以使用。

注意事项

键必须是唯一的，而值可以重复。

在实际应用中，如果存在重名的情况，可以通过添加后缀等方式进行区分。例如，Lucy1、Lucy2。

第 3 章

运算符、控制结构与循环

3.1 算术运算符

算术运算符只是众多运算符中的一种，除此之外，还有比较运算符、逻辑运算符和赋值运算符。算术运算符最基础的功能就是进行加、减、乘、除和求余运算。

以算术运算符为例，它可以针对数字或数字类型的变量进行操作。

```
let a = 2;
let b = 5;
let result1 = a + b;
let result2 = a - b;
let result3 = a * b;
let result4 = a / b;
console.log(result1); // 输出加法结果
console.log(result2); // 输出减法结果
console.log(result3); // 输出乘法结果
console.log(result4); // 输出除法结果
```

除了加、减、乘、除，还有求余运算。如下面的示例。

```
let result5 = a % b;
console.log(result5); // 输出余数
```

假设12除以5，商为2，余数为2，因此result5的值为2。

算术运算符还可以与赋值运算符结合使用。如下面的示例。

```
let a = 3 + 4; // 将3 + 4的结果赋值给a
console.log(a); // 输出7
```

此外，还有一种特殊情况。

```
let a = 12;
a = a + 8;
console.log(a); // 输出20
```

a = a + 8表示将a的值增加8，即12 + 8 = 20。这种操作有一个简写形式，具体如下。

```
a + = 8;
```

这等同于a = a + 8。如果需要让一个变量自增或自减，可以使用类似的简写形式，具体如下。

```
a -= 2; // 等同于a = a - 2
a *= 2; // 等同于a = a * 2
a /= 2; // 等同于a = a / 2
a %= 2; // 等同于a = a % 2
```

这些简写形式可以方便地用于各种运算，建议大家自行实践。

接下来再看看算术运算符中的自增和自减运算符。自增和自减运算符有更简化的形式，但对新手来说可能会容易混淆，因此一般不推荐使用。不过，笔者还是给大家讲解一下。

如果需要让一个数增加1，可以直接使用a++，这等同于a = a + 1或a += 1。“++”为自增运算符，与之相对的“--”是自减运算符。

需要注意的是，自增和自减运算符有两种变形：a++和++a，a--和--a。虽然它们在单独使用时没有区别，但在表达式中使用时会有所不同。示例如下。

```
let a = 10;
let b = a++ + 3;
console.log(b); // 输出13
```

在这个例子中，a++表示先取a的值（10），然后将a自增1，因此b的值为10 + 3 = 13，而a的值变为11。

再看另一个例子。

```
let a = 10;
let b = ++a + 3;
console.log(b); // 输出14
```

这里，++a表示先将a自增1，再取a的值，因此b的值为11 + 3 = 14。

这两种写法的区别在于：a++是先取值再自增，而++a是先自增再取值。虽然这种写法在某些情况下可以使用，但对新手来说可能会比较难理解。因此，建议尽量避免使用这种复杂的写法，采用更清晰的方式，示例如下。

```
let a = 10;
let b = a + 3;
a++;
console.log(b); // 输出13
```

或者如下。

```
let a = 10;
a++;
let b = a + 3;
console.log(b); // 输出14
```

虽然多了一行代码，但理解起来更直观。

总之，虽然++a和a++在某些情况下可以使用，但它们容易让人混淆，尤其是对编程新手来说。因此，建议尽量避免使用这种写法，采用更清晰的表达方式。示例如下。

```
let a = 10;
let b = a + (a + 2);
console.log(b); // 输出22
```

这种写法虽然多了一个括号，但逻辑更清晰，也更容易理解。

3.2 比较运算符

接下来将系统地介绍比较运算符的相关知识。比较运算符的核心功能在于执行数值大小比较以及相等性判断，其运算结果始终返回布尔类型值：当条件成立时返回true，不成立时则返回false。

常见的比较运算符主要包括以下6种。

- > 判断左边的值是否大于右边的值。
- < 判断左边的值是否小于右边的值。
- == 判断左边的值是否等于右边的值。
- >= 判断左边的值是否大于或等于右边的值。
- <= 判断左边的值是否小于或等于右边的值。
- != 判断左边的值是否不等于右边的值。

这些运算符的核心作用在于评估左操作数是否符合特定条件要求，并通过与右操作数进行对比得出判断结果。为加深理解，下面以具体实例演示比较运算符的实际应用。假设存在变量age表示小明的年龄，其值为23，我们可以通过比较运算符来验证该年龄是否满足特定条件。具体实现代码如下。

```
let age = 23;
let res1 = age > 18;    // 判断年龄是否大于18
let res2 = age < 18;    // 判断年龄是否小于18
let res3 = age >= 23;  // 判断年龄是否大于等于23
let res4 = age <= 24;  // 判断年龄是否小于等于24
let res5 = age == 23;  // 判断年龄是否等于23
let res6 = age != 23;  // 判断年龄是否不等于23
```

根据上述代码，可以得出以下结果。

- res1判断age是否大于18，结果为true，因为23确实大于18。
- res2判断age是否小于18，结果为false，因为23不小于18。
- res3判断age是否大于或等于23，结果为true，因为年龄等于23。
- res4判断age是否小于等于24，结果为true，因为23小于24。
- res5判断age是否等于23，结果为true，因为年龄等于23。
- res6判断age是否不等于23，结果为false，因为年龄等于23，不满足不等于的条件。

建议大家将上述示例代码完整地复制至开发环境执行，以验证运算结果是否符合预期。

比较运算符的核心功能在于对两个数值进行条件判断，包括但不限于大小比较（大于、小于），以及相等性验证。后续将重点讲解比较运算符与条件语句（if语句）的配合使用。通过这种组合应用，程序能够根据特定条件的满足情况执行相应的逻辑操作。典型应用场景包括：当检测到敌方单位距离小于预设阈值时，自动触发攻击指令等游戏逻辑。

3.3　逻辑运算符

比较运算符是用来判断是否满足某个单一条件的，而逻辑运算符则是用来判断是否同时满足多个条件的。逻辑运算符的两边通常是两个布尔值，可以比较两个表达式，也可以是直接的布尔值（如true或false）。

逻辑与运算符（&&）

首先介绍逻辑与运算符“&&”。该运算符表示逻辑“与”关系，其运算规则要求参与运算的两个条件必须同时成立，方能返回布尔值true；若其中任一条件不满足，则运算结果为false。

假设某高级中学对新生入学年龄设有明确限制，规定申请人年龄需介于16至18周岁（含边界值）。此时即可运用逻辑与运算符构建条件判断表达式，用以验证特定学生是否符合该校的入学年龄要求。

```
let age = 17;
let res1 = age >= 16 && age <= 18;
console.log(res1); // 输出: true
```

此处涉及两个必要条件：申请者年龄需满足不小于16周岁且不超过18周岁的标准。仅当这两个条件同时成立时，变量res1的返回值才为逻辑真值true。

从运算逻辑角度阐释，逻辑与运算符“&&”可准确表述为“同时满足条件A与条件B”的运算关系。其核心运算规则为：仅当参与运算的两个条件表达式均返回true时，整体运算结果才为true；若任一条件返回false，则整体结果立即判定为false。

逻辑或运算符（||）

与逻辑与运算符相对的是逻辑或运算符“||”。它表示“或者”，即只要满足其中一个条件，结果就会返回true。只有当两个条件都不满足时，结果才为false。

例如，假设一个动物园规定儿童（年龄小于等于12岁）或老人（年龄大于等于60岁）可以免费入园，可以像下面这样判断一个人是否可以免费入园。

```
let age = 20;
let res = age <= 12 || age >= 60;
console.log(res); // 输出: false
```

在这个例子中，20岁既不符合“小于等于12岁”的条件，也不符合“大于等于60岁”的条件，因此结果为false。但如果年龄是10岁（儿童）或81岁（老人），结果就会是true。

逻辑或运算符“||”可以理解为“满足条件A或者满足条件B”，只要其中一个条件为true，结果就为true。

逻辑非运算符（!）

逻辑非运算符“!”用于取条件的相反值。如果条件为true，取反后结果为false；如果条件为false，取反后结果为true。示例如下。

```
let age = 20;
let isAdult = age >= 18;
let isChild = !isAdult; // isChild的值为false
```

在这个例子中，isAdult的值为true（因为20岁大于等于18岁），而isChild则是isAdult的相反值，即false。

三目运算符（?:）

除了逻辑运算符，还有一种特殊的运算符——三目运算符“? :”。它由3个部分组成：一个表达式和两个结果。表达式必须返回一个布尔值，根据表达式的真假，返回冒号前或冒号后的结果。示例如下。

```
let score = 80;
let res = score >= 60 ? "及格" : "不及格";
console.log(res); // 输出: 及格
```

在这个例子中，如果score大于等于60，表达式返回true，结果为“及格”；否则，返回“不及格”。三目运算符是一种简洁的条件判断方式，但在实际开发中使用较少，后续需要时再详细讲解。

3.4 流程控制语句

在程序设计中，分支语句亦称为分支结构。作为编程语言中的基础控制结构之一，分支语句常与循环语句并列使用。其核心功能在于执行条件判断，程序通过评估条件的布尔值来决定特定代码块的执行与否。

以实际应用场景为例，假设某网站或游戏产品包含血腥暴力等不适宜未成年人接触的内容。此时，程序需对用户年龄进行验证。常见的实现方式包括用户自主输入年龄信息，或通过人脸识别等生物特征认证技术进行身份核验。部分游戏平台会要求用户提供身份证号码，并接入第三方认证服务完成人脸比对，以此确保用户身份的真实性。需要注意的是，此类验证机制仍存在潜在漏洞。例如，未成年人可能使用监护人的身份信息完成认证。关于系统安全性的深入探讨暂不在此展开。

现假设程序已成功获取用户年龄数据，后续需通过分支语句实现访问控制逻辑：若用户年龄达到法定成年标准，则允许访问；反之，则拒绝访问。具体实现可通过定义变量来完成判断逻辑。

```
let age = 15;
if (age < 18) {
    console.log("你是未成年人，无法访问");
}
```

假设当前用户年龄为15周岁。当程序检测到用户年龄未满18周岁时，将输出提示信息“你是未成年人，无法访问”。此处的if语句即典型的条件判断结构，其运行机制是通过评估条件表达式的布尔值来决定是否执行花括号{}内的代码块。作为条件判断语句，if语句的条件表达式必须返回明确的布尔值（true或false）。若条件评估结果为true，则执行对应的代码块；若条件评估结果为false，则跳过该代码块，继续执行后续程序。

执行上述代码逻辑后，系统将准确显示“你是未成年人，无法访问”的提示信息。此案例完整地展示了基础分支结构的实现原理。需要特别强调的是，if语句的条件表达式必须为能够返回布尔值（true或false）的逻辑表达式。示例如下。

```
if (true) {
    console.log("你是未成年人，无法访问");
}
```

在编程实践中，虽然可以直接使用布尔常量true或false作为if语句的条件，但这种做法并不符合常规编程规范。究其原因，if语句的设计初衷在于处理动态条件判断，若直接使用固定值作为条件，则完全丧失了条件判断的实际意义。举例而言，若使用if (true)这样的语句，由于条件恒为真，其包含的代码块必定会执行，此时完全可以直接编写执行代码，无须通过if语句进行包裹。

需要特别说明的是，在if语句的代码块（即大括号{}包裹的区域）内，可以包含多条执行语句。示例如下。

```
if (age < 18) {
    console.log("你是未成年人，无法访问");
    console.log("程序正在退出！");
```

```
}
```

在此应用场景中，程序不仅会向用户显示“无法访问”的提示信息，还会附加“程序正在退出”的系统通知。该案例完整展现了if条件语句的基础应用范式。

为进一步完善功能逻辑，现需增加对成年用户的情况处理：当验证用户已满18周岁时，程序应输出“允许进入游戏”的许可提示。为实现这一扩展需求，可通过引入else分支语句来重构条件判断结构。具体语法示例如下。

```
if (age < 18) {
    console.log("你是未成年人，无法访问");
    console.log("程序正在退出！");
} else {
    console.log("你符合条件，可以玩游戏！");
}
```

在此编程示例中，当系统检测到用户年龄未满18周岁时，程序将执行if条件分支中的代码逻辑；反之，若年龄符合成年标准，则执行else分支的对应操作。if-else条件语句的核心特性在于其排他性执行机制：在程序运行过程中，必定会且仅会执行其中一个分支的代码块。这种执行逻辑类似于现实中的路径选择场景——当面临分岔路口时，决策者必须且只能选择其中一条行进路线。

3.5 多条件判断与 switch 语句

接下来介绍switch-case条件语句的使用方法。为便于理解，下面通过一个实际开发案例进行说明。假设需要为某教育机构开发一套教务管理系统，该系统需支持多种用户角色的登录功能，包括但不限于学生、教师、辅导员、管理员及校长等身份。各角色登录系统后，其操作界面与功能模块存在显著差异。

教务管理系统作为典型的信息化应用场景，其功能设计需满足不同用户群体的需求：学生用户可进行成绩查询、课程选修等操作；教师用户具备课程设置、作业批改等权限；辅导员主要负责学生事务管理；管理员承担系统维护职责；而校长则拥有全局管理权限。基于此业务逻辑，系统需根据登录用户的角色类型动态展示对应的功能界面。

在正式讲解switch-case语句之前，我们首先采用if-else条件分支结构实现该功能。此处假设已定义枚举类型RoleType用于标记不同的用户角色。

```
enum RoleType {
    Student,
    Teacher,
    Instructor,
```

```
    Administrator,
    President
}
```

然后根据角色类型显示不同的界面。

```
let role = RoleType.Teacher;
if (role == RoleType.Student) {
    console.log("进入学生界面");
} else if (role == RoleType.Teacher) {
    console.log("进入教师界面");
} else if (role == RoleType.Instructor) {
    console.log("进入辅导员界面");
} else if (role == RoleType.Administrator) {
    console.log("进入管理员界面");
} else {
    console.log("进入校长界面");
}
```

这段代码通过if-else语句判断角色类型，并执行相应的操作。然而，当有多个条件需要判断时，代码可能会显得冗长且难以维护。

switch-case语句提供了一种更清晰的方式来处理多个条件，它的语法结构如下。

```
switch (变量) {
    cas值1:
        // 执行代码
        break;
    cas值2:
        // 执行代码
        break;
    default:
        // 默认执行代码
}
```

在刚才的案例中，可以使用switch-case语句来替代if-else语句。

```
switch (role) {
    case RoleType.Student:
        console.log("进入学生界面");
        break;
    case RoleType.Teacher:
        console.log("进入教师界面");
        break;
    case RoleType.Instructor:
        console.log("进入辅导员界面");
        break;
    case RoleType.Administrator:
        console.log("进入管理员界面");
        break;
    default:
        console.log("进入校长界面");
}
```

switch-case语句的特点

清晰的结构：switch-case语句通过罗列所有可能的情况，使代码更加清晰易读。

执行流程：switch语句会将变量与每个case的值进行比较。如果匹配，则执行该case中的代码，直到遇到break语句；如果没有匹配的case，则执行default分支。

注意事项：每个case后必须加上break，否则程序会继续执行下一个case，直到遇到break。

如果某些case的处理逻辑相同，可以将它们合并。例如，如果学生和教师进入相同的界面，代码如下。

```
switch (role) {
    case RoleType.Student:
    case RoleType.Teacher:
        console.log("进入学生与教师界面");
        break;
    case RoleType.Instructor:
        console.log("进入辅导员界面");
        break;
    case RoleType.Administrator:
        console.log("进入管理员界面");
        break;
    default:
        console.log("进入校长界面");
}
```

switch-case与if-else的比较

优点如下。

- switch-case语句在处理多个条件时，代码更加简洁、清晰。
- 它通过罗列所有可能的情况，使逻辑一目了然。

缺点如下。

- switch-case只能用于判断相等的情况，不能用于比较大小或其他复杂的条件。
- 如果每个case中需要执行的代码量较多，switch-case语句可能会显得冗长。

在使用switch-case语句时，建议在以下场景中使用。

- 当需要处理多个相等条件时。
- 当逻辑分支较多且每个分支的代码较短时。

如果逻辑较为复杂，或者每个分支需要执行大量代码，那么整个switch-case

就会比较乱，它原来的优点就丢失了，建议使用if-else语句，或者将代码封装成函数以提高可读性。

3.6　循环结构

在介绍循环结构这一编程概念之前，我们首先需要理解“流程控制”这一术语的实质含义。所谓“流程”，在程序设计中特指代码执行的先后顺序，即程序的执行流程。诸如if条件判断和switch多分支选择等语句，本质上都是通过改变程序的执行路径来实现流程控制的。其中，if语句通过创建多个条件分支，仅执行满足特定条件的代码块，因而被称为分支结构；而循环结构则赋予程序重复执行特定代码段的能力，且可控制重复执行的次数。

循环结构作为程序设计的重要特征，其核心价值在于实现重复性任务的自动化处理。对人类而言，重复执行机械性工作往往令人厌倦；然而对计算机程序而言，重复执行标准化操作恰恰是其最擅长的领域，且执行过程越简单直接越好。

接下来具体介绍循环语句的语法形式。循环语句（或称循环结构）与分支语句同属流程控制语句范畴，其核心功能在于调控程序的执行流程。

首先介绍while循环这一基础循环结构。为便于理解，下面仍通过具体案例进行说明。现以“计算0至100的整数累加之和”这一问题为例进行讲解，存在两种解决方案：其一，运用数学求和公式（1+100）×50直接得出结果；其二，采用逐项相加的编程实现方式，如编写let result = 1 + 2 + 3 + 4 +…等代码。后者在计算较大范围（如1至1000或1至10000）数字的累加和时，会因代码冗长而失去实用性。

此时，循环结构的优势便得以凸显。针对1至100的累加问题，其数值变化呈现规律性递进特征（每次增加1，直至100），这正是循环结构的最佳应用场景。具体实现代码如下：

```
let i = 1;
let result = 0;
while (i <= 100) {
    result += i;
    i++;
}
console.log(result);
```

这里，result用于存储和，i从1开始，每次递增1，直到达到100。每次循环都将i的值加到result中。循环结束后，result就是最终的和。

循环结构的语法如下。

```
while (条件) {
    循环体
}
```

while循环与if条件语句在语法结构上具有相似性，但二者在功能实现上存在本质区别。if语句仅在条件满足时执行一次对应的代码块，而while循环则在条件持续满足时重复执行循环体。具体执行机制表现为：每次循环体执行完毕后，程序会重新评估条件表达式，若条件仍为真，则继续执行循环体；反之，则终止循环流程。

关于变量声明位置需特别注意：result变量必须在while循环结构外部声明。若将其置于循环内部，每次循环迭代时该变量都会被重新初始化为0，从而导致累加运算失效。

此外，while循环的条件设置需谨慎处理，必须确保条件表达式最终能够变为假值。若条件恒为true，将导致程序陷入无限循环状态，进而造成系统资源耗尽等严重后果。示例如下。

```
let i = 2;
let result = 0;
while (true) {
    result += i;
    i += 2;
}
```

这是一个死循环，此类无限循环将导致程序陷入不可终止的执行状态，最终引发系统卡顿甚至崩溃。在程序设计过程中，开发者必须严格规避此类情况，确保循环结构具备合理的终止条件，能够在预定条件下正常退出循环流程。

接下来探讨第二种循环结构——do...while循环。作为while循环的变体，do...while循环虽然在日常编程实践中的使用频率相对较低，但作为完整的循环结构体系中的重要组成部分，仍需予以充分理解和掌握。

do...while循环的标准语法结构如下。

```
do {
    循环体
} while (条件);
```

do...while循环与while循环的核心差异体现在执行逻辑上：while循环采用“先判断后执行”的机制，即首先评估条件表达式，仅当条件为真时才执行循环体；而do...while循环则采用“先执行后判断”的执行流程，即无论条件是否满足，都先执行一次循环体，随后再进行条件判断。若条件评估结果为真，则继续执行循环体并重复判断过程。

这一本质区别导致两种循环结构具有不同的执行特性：do...while循环保证循环体至少被执行一次，而while循环则存在循环体完全不被执行的可能性（当初始条件即为假时）。以计算1至100整数的累加和为例，可采用如下do...while循环实现。

```
let i = 1;
let result = 0;
do {
    result += i;
    i++;
} while (i <= 100);
console.log(result);
```

这里，do...while循环先执行一次循环体，将i的值加到result中，然后进行条件判断。如果条件满足，则继续执行循环体。

在某些情况下，需要循环体至少执行一次，这时就可以使用do...while循环。虽然所有可以用do...while实现的代码都可以用while实现，但它们在条件判断和循环控制上会有差异。

最后，我们来看如何使用循环来遍历数组。遍历数组就是通过循环获取数组中的每一个值，并进行操作，例如输出或进行计算。最简单的遍历方式是通过数组的索引。数组的索引从0开始，到数组长度减1结束。例如，假设有一个存储分数的数组。

```
let scores = [4, 34, 5, 6, 78, 9, 12, 345];
```

要遍历这个数组，可以使用while循环。

```
let i = 0;
while (i < scores.length) {
    console.log(scores[i]);
    i++;
}
```

在此示例中，变量i的初始值为0，每次循环迭代时其值递增1，直至达到数组的最大索引值。通过索引变量i，可以依次访问数组中的每个元素并执行输出操作。建议大家自行思考如何运用do...while循环实现数组遍历功能，其实现原理与当前示例具有相似性。

接下来重点讲解第三种循环结构——for循环。需要特别说明的是，for循环在语法结构上较while循环更为复杂，初学者可能需要一定的适应过程。然而，随着使用经验的积累，开发者将逐渐认识到for循环与while循环各自的应用优势：在特定场景下，while循环更具便利性，而在其他情境中，for循环则更为适用。在实际开发实践中，for循环的使用频率通常相对较高。

对于编程初学者而言，首次接触for循环时可能会因其语法结构而产生畏难情绪。但实质上，for循环的复杂度主要体现在其将循环控制要素（初始化、条件判断、迭代操作）进行了集中表达，这种结构化设计反而能够提升代码的可读性和可维护性。通过系统学习和实践应用，开发者将能够快速掌握for循环的使用方法。与while循环相比，for循环的主要特点在于将循环控制要素进行了显式分离和集中管理。

for循环的标准语法结构如下。

```
for (初始化; 条件; 执行完循环体之后执行的操作) {
    循环体
}
```

从本质上分析，for循环所包含的各个组成部分在while循环中同样存在，区别仅在于这些要素在while循环中的分布位置较为分散。for循环的创新之处在于将循环控制的关键要素（初始化、条件判断、迭代操作）进行了系统性的整合与显式表达，使其在语法结构上更加清晰直观。通过持续的实践应用，开发者将能够充分体会到for循环在实际编程中的便捷性和高效性。

以下为具体代码示例。

```
let result = 0;
for (let i = 1; i <= 10; i++) {
    result += i;
}
console.log(result);
```

通过对比先前介绍的while循环实现方式，可以明显看出for循环的结构优势。for循环的显著特点在于将循环变量的初始化、循环条件判断以及迭代步进这3个核心要素集中整合在同一行代码中。这种紧凑的表达方式使得开发者能够直观地获取以下关键信息：循环起始值为1，每次迭代增量为1，循环终止条件为i≤10。这三个要素的集中呈现大大提升了代码的可读性。

反观while循环的实现方式，这些关键要素往往分散在代码的不同位置，当程序逻辑较为复杂时，开发者需要花费额外的精力来定位这些分散的循环控制要素。这正是for循环与while循环在语法结构上的本质区别。

接下来介绍如何运用for循环实现数组的遍历操作。数组遍历的核心在于依次访问数组的每个索引位置。具体示例如下。

```
let scores = [2, 3, 56, 12, 345, 5];
for (let i = 0; i < scores.length; i++) {
```

```
    console.log(scores[i]);
}
```

通过上述代码示例，我们已成功运用for循环实现了数组的遍历操作。需要说明的是，在TypeScript中，数组遍历还存在另外两种实现方式：其一是直接遍历数组元素值，其二是遍历数组索引值。下面将分别阐述这两种方法的实现原理。

首先探讨第一种方法——数组元素值的遍历实现。

```
let scores = [21, 34, 5, 6, 7, 12, 341];
for (let temp of scores) {
    console.log(temp);
}
```

该代码段的核心逻辑可解析为：首先声明一个临时变量temp，其后跟随的of关键字所接续的是一个待遍历的目标数组。在循环执行过程中，系统会按顺序访问数组中的每个元素，并将当前元素的值赋给temp变量。每次完成赋值操作后，循环体内的语句将被执行一次，从而实现输出所有数组元素的功能。此处的temp变量实质上等同于传统索引访问方式中的scores[i]表达式所获取的值。

上述实现方式提供了一种简洁高效的数组值遍历方案。若需遍历数组的所有索引值，可采用如下实现方式。

```
let scores = [21, 34, 5, 6, 7, 12, 341];
for (let i in scores) {
    console.log(i);
}
```

此处需要重点区分的关键在于of与in的使用差异。in运算符主要用于遍历数组的所有索引值，其遍历范围从0开始，直至数组的最大索引值；而of运算符则专门用于遍历数组元素的实际值。当然，开发者仍可通过传统索引方式获取对应元素值，例如，采用scores[i]的访问形式。这种双重访问机制既提供了索引信息，又能获取索引对应的元素值。

关于循环结构的基础知识，我们已经完成了核心内容的讲解。需要特别强调的是，while循环与for循环作为最常用的两种循环结构，它们之间具有相互转换的特性。具体而言，任何使用其中一种循环结构实现的逻辑，均可通过另外两种循环结构中的任意一种来重新实现，区别仅在于循环控制方式可能存在差异。但必须注意的是，虽然3种循环结构具备可转换性，但在实际开发场景中，for循环可能在某些情况下更为简洁高效，而while循环则在另一些场景中更具优势。

此外，for...in与for...of作为数组遍历的特殊语法形式，无法直接转换为while循环结构。这一特性构成了数组遍历技术中的一个重要知识点。

最后，补充介绍两个关键的循环控制语句：break与continue。其中，break语句的功能是立即终止整个循环的执行，具体示例如下。

```
let i = 1;
while (true) {
    console.log(i);
    i++;
    if (i > 10) {
        break;
    }
}
```

此处展示了一段表面呈现“死循环”特征的代码实现，然而实际上可通过break语句实现循环中断。具体而言，当变量i的值超过10时，执行break语句即可终止循环的执行流程。需要特别说明的是，在多层嵌套循环结构中，break语句仅会终止其所在的最内层循环。

与之相对应的是continue语句，该语句的功能是中断当前循环的本次迭代。举例说明，若需输出2至100范围内的所有偶数，可采用如下方式实现。

```
let i = 1;
while (i < 101) {
    if (i % 2 === 1) {
        i++;
        continue;
    }
    console.log(i);
    i++;
}
```

当变量i为奇数时，执行continue语句。该语句的主要功能是中断当前循环迭代，跳过后续代码执行，直接进入下一次循环的条件判断环节。需要特别注意的是，由于continue语句之后的代码将不会被执行，因此在调用continue语句之前，必须确保已完成i++的自增操作。

以如下代码示例来说明。

```
for (let i = 1; i < 10; i++) {
    if (i === 3) continue;
    console.log(i);
}
```

当i的值为3时，执行continue语句，此时数字3将不会被输出，而其他数值（1、2、4、5、6、7、8、9）则会被正常输出。这是因为continue语句会跳过当前迭代的剩余代码，直接进入下一次循环的条件判断阶段。

需要强调的是，无论是break语句还是continue语句，它们的作用范围仅限于其所在的最近一层循环结构。

接下来探讨循环嵌套的应用场景。假设需要输出4行内容，每行包含10个字符，应如何实现？一种直观的解决方案是使用4个独立的循环结构，每个循环负责输出一行10个字符，这种方法虽然可行，但存在优化空间。

此时，采用循环嵌套技术将显著提升代码使用效率，以下是具体的实现方案。

```
let s = "";
for (let a = 0; a < 4; a++) {
    for (let b = 0; b < 10; b++) {
        s += "*";
    }
    s += "\n";
}
console.log(s);
```

通过采用双重for循环嵌套结构，我们成功实现了输出4行内容，每行包含10个"*"字符的功能。下面对循环嵌套的基本原理进行初步讲解。

当外层循环变量a取值为0时，内层循环将完整地执行一次，输出10个连续的字符；当a取值递增至1时，内层循环将再次完整执行，同样输出10个字符。由此可见，外层循环共计执行4次完整迭代。值得注意的是，在每次外层循环执行过程中，内层循环都会独立完成10次完整的迭代。

基于此，我们可以计算出整个循环体的总执行次数。由于外层循环执行4次，而每次外层循环执行时内层循环均执行10次，因此循环体总执行次数为10×4=40次。

上述过程完整地呈现了循环嵌套的基本运行逻辑。建议学习者深入理解其中的执行机制与运算原理。

3.7 TypeScript 的高级类型

3.7.1 函数类型

在计算机编程领域，“函数”与“方法”这两个术语实际上指代的是同一概念，仅存在称谓上的差异。那么，为何会出现两种不同的命名方式呢？这主要源于编程语言的发展历史。编程语言最初起源于国外，特别是美国，其语法结构和专业术语均采用英文表述。在英语中，“function”一词被译为中文的“函数”，同时该词亦可理解为“作用”或“方法”。此外，英语中还存在“method”这一表述，其中文对应词为“方法”。由此可见，“函数”与“方法”本质上是同一概念的不同表达方式。

在不同的编程语言体系中，对这一概念的称谓也存在差异。以Java和C#等语言为例，通常采用“方法”这一称谓；而在C++语言中，则更倾向于使用“函数”这一术语。然而，无论采用何种称谓，其本质完全一致，开发者无须过度纠结于术语选择。无论是函数还是方法，其核心功能与作用完全相同。

接下来深入探讨函数的本质特征。假设需要实现一个将两个数值相加并输出结果的功能，若程序中需要多次执行此类操作，应该如何实现？最直观的解决方案是直接编写相应代码，示例如下。

```
let a = 23;
let b = 33;
let result = a + b;
console.log(result);
```

虽然上述方式能够实现基本功能，但在需要多处执行加法运算的场景下，将不可避免地出现重复编写代码的情况。尽管加法运算本身逻辑较为简单，但在实际开发过程中，往往涉及更为复杂的运算逻辑。若每次执行类似操作都需要重复编写多行代码，不仅会造成代码冗余，还会显著提升开发难度。

为解决代码重复问题，可以采用函数封装的方式。函数的使用流程包含两个关键步骤：首先是函数的定义，其次是函数的调用。函数定义的基本语法结构如下。

```
function funcName(参数列表) {
    函数体
}
```

在定义函数时，必须使用关键字“function”进行声明，其后依次为函数名称（例如funcName）、包含在圆括号内的参数列表，以及由大括号包裹的函数体。需要特别注意的是，函数定义完成后，其内部的代码并不会立即执行。只有在函数被显式调用时，函数体内的代码才会被实际执行。

以下是一个简单的加法函数定义示例。

```
function sum(x, y) {
    return x + y;
}
let a = 23;
let b = 33;
let result = sum(a, b);
console.log(result);
```

在调用函数时，仅需通过函数名称配合括号的形式，并将所需参数传入即可。此时函数将执行其内部封装的代码逻辑，并返回相应的执行结果。

采用此种方式，能够将复杂的操作逻辑封装于函数内部。当需要执行相同的操作时，仅需调用该函数，而无须重复编写代码。这种方式显著提高了代码的复用率与可维护性。

就“方便维护”这一特性而言，现举例说明。假设某段代码用于输出特定数值，原输出值为10，现需修改为20。若该功能在程序中多处使用，且未采用函数封装，则需逐一修改每处代码；而若采用函数封装，仅需修改函数定义一处，所有调用该函数的位置将自动更新。此即函数在代码维护方面的显著优势。

此外，函数可通过参数接收外部传入的数值，从而实现更加灵活的功能。例如，实现两个数值相加的功能。

```
function sum(a, b) {
    let result = a + b;
    console.log(result);
}
```

在这个例子中，a和b是函数的参数。它们是形式参数（简称形参），表示函数在定义时预留的变量。当调用函数时，需要传递具体的值，这些值被称为实际参数（简称实参）。示例如下。

```
sum(2, 3);  // 输出5
sum(12, 33);  // 输出45
```

形参在函数内部用于接收实参的值，从而使函数可以根据传入的值执行不同的操作。

除了接收参数，函数还可以通过返回值将结果传递给调用者。例如，希望函数计算两个数的和后，将结果返回，而不是直接输出。

```
function sum(a, b) {
    let result = a + b;
    return result;  // 返回结果
}
```

通过return关键字，可以将一个值从函数中返回。调用函数时，可以将返回值赋给一个变量，以便后续使用。

```
let result2 = sum(2, 3);
console.log(result2);  // 输出5
```

在这个例子中，sum(2, 3) 的返回值被赋值给result2，可以在后续代码中对result2 进行进一步处理。

在某些编程语言（如TypeScript）中，可以指定函数的参数类型和返回值类型。示例如下。

```
function sum(a: number, b: number): number {
```

```
    let result = a + b;
    return result;
}
```

这里，a和b被声明为number类型，返回值也被声明为number类型。这种类型声明有助于提高代码的可读性和安全性，但并不是强制性的。如果不声明类型，系统会根据返回值自动推断类型。

3.7.2 对象类型

什么是面向对象编程？

首先需要明确的是，程序设计中的诸多概念多由英文术语直译而来。鉴于编程领域发展时间较短，中文语境下尚未形成完全对应的专业词汇体系。因此，仅凭翻译后的术语名称，往往难以准确把握其实际内涵。建议学习者在理解编程概念时，不拘泥于字面含义，着重探究其本质特征。

以“面向对象编程”为例，其核心概念“对象”对应的英文术语为“object”。此处的“对象”并非日常用语中的指代（如恋爱对象），而是更接近于“实体”的概念，诸如汽车、建筑、植物等均可视为“对象”。其本质特征在于强调具体存在的实体，而非动作的承受者。

编程语言的设计主要服务于两大核心目标：其一为提升开发效率，便于程序员实现功能并组织代码结构；其二为增强代码可维护性，包括功能修改与扩展的便利性。以《王者荣耀》游戏为例，其定期版本更新涉及既有功能调整与新功能添加，这些变更均需通过代码维护实现，足见代码维护的重要性。

为提升代码的可维护性，应当尽可能避免代码重复。编程语言提供的“方法”（或称“函数”）机制就是为此目的而设的。然而，随着项目规模的扩大，单纯依赖方法和函数已显不足，此时需要对代码进行系统化分类与结构化组织。“类”的概念应运而生，其作用在于将代码按功能划分为不同的类别，如游戏开发中的“怪物类”“道具类”“角色类”等，每个类别包含相应的变量和方法。

更进一步，还可对类进行层级划分，此乃面向对象编程的核心要义。通过对类的封装，可将相关代码整合为有机整体，极大地提升管理效率与维护的便利性。而“对象”则是类的具体实例，代表特定实体，如某辆汽车、某个学生或某个班级等。

面向对象编程的本质在于将信息与行为进行封装。信息对应对象的“属性”，行为对应对象的“方法”。以汽车为例，其属性包括颜色、时速等，方法则涵盖行驶、载货等功能；学生对象则具有身高、体重、学号等属性，以及学习、就餐、上课等行为。通过这种方式，可将复杂的系统分解为若干独立的对象，每个对象均具备专属属性与方法。

此外，面向对象编程还引入了“抽象类”与“接口”等进阶概念。这些机制并非旨在扩展程序功能，而是为了优化代码组织结构与提高维护效率。抽象类与接口有助于定义通用结构与行为规范，从而提升代码模块化程度，增强扩展性与复用性。

以上内容旨在从抽象层面阐释相关概念。以游戏怪物为例，其属性包括攻击力、类型、移动速度、生命值等，行为则涵盖攻击主角、形态转换、技能释放等。程序中的对象主要包含两大要素：静态的信息（属性）与动态的行为（方法）。

现实世界中的各类实体，如电子设备、家具、建筑、班级、企业、植物等，均可视为独立对象。对象规模可大可小，且可形成层级结构。例如，企业由员工组成，员工本身是独立的对象，企业亦可视为整体对象。同理，国家、地球等宏观实体亦可被视为特定对象。所有现实实体均具备专属属性（信息）与方法（行为）。

接下来探讨对象的创建方法。

创建对象需以模板为基础，程序设计中该模板被称为“类”（Class）。类定义了对象应包含的属性与方法，其中属性表征对象信息，方法表征对象行为。需注意的是，同类对象的具体属性值存在差异。例如，人类均具有身高属性，但具体数值因人而异。所有人类对象可基于同一模板创建，但个体身高可能为两米、一米五或一米不等。因此，每个对象的具体属性值均具有独特性。类主要包含两大要素：属性与方法，其规定了派生对象的基本特征。

下面通过实例进行说明。假设开发的游戏包含若干怪物角色，现需创建两个怪物对象。首先定义怪物1，命名为“monster1”，怪物间可相互攻击。怪物1的具体名称为“亡灵法师”，职业属性为“法师”，等级属性为20级。其最大生命值（maxHp）为100，当前生命值（currentHp）为40。当受到伤害时生命值减少，使用治疗药剂时生命值恢复（不超过最大值），当生命值低于0时判定为死亡。具体代码如下。

```
let monster1_name = "亡灵法师";
let monster1_type = "法师";
let monster1_level = 20;
```

```
let monster1_maxHp = 100;
let monster1_currentHp = 40;
```

接着创建一个怪物2。怪物2的名字叫“牛头人”，它属于“肉盾”类型，等级是10，最大血量是200，当前血量是100，代码如下。

```
let monster2_name = "牛头人";
let monster2_type = "肉盾";
let monster2_level = 10;
let monster2_maxHp = 200;
let monster2_currentHp = 100;
```

当前展示的代码示例采用非面向对象的实现方式。在实际游戏开发场景中，通常需要处理多种怪物类型，数量可能多达数十种。本示例仅创建两个怪物对象用于演示，后续将重构为基于类和对象的实现方式，以便读者直观地比较两种实现方式的差异。采用类与对象后，将显著提升代码的简洁性，同时改善代码结构与逻辑的清晰度。

怪物1与怪物2具备相互攻击的能力。为此需实现攻击方法（attack），该方法执行时将根据攻击力数值减少目标对象的生命值。攻击力数值通常与等级属性呈正相关，即等级越高攻击力越强。本示例采用简化规则，直接以等级数值作为攻击力基准值。例如：等级为10的牛头人每次攻击造成10点伤害，等级为20的亡灵法师每次攻击造成20点伤害。在实际游戏开发中，攻击伤害通常引入随机因素进行调节，但为简化演示，此处采用固定伤害值的计算方式。具体实现代码如下。

```
function attack(currentHp: number, level: number) {
    currentHp -= level;
    return currentHp;
}
```

例如，怪物1攻击怪物2，代码如下。

```
monster2_currentHp = attack(monster2_currentHp, monster1_level);
```

这表示怪物1攻击怪物2，怪物2的血量会减少。如果怪物2攻击怪物1，代码如下。

```
monster1_currentHp = attack(monster1_currentHp, monster2_level);
```

此时，怪物2对怪物1实施了攻击行为。

当前实现的attack方法在调用过程中存在显著的不便。该方法需要接收两个参数：currentHp和level。当需要明确攻击方与被攻击方时，必须严格区分传入的参数分别属于哪个对象。这种参数传递方式缺乏直观性，极易引发错误。在实际编码过程中，开发者容易混淆参数顺序，例如，将怪物2的参数误传为怪物1的参数，反之亦然。考虑到游戏中怪物间的攻击交互可能频繁发生，代码中需多次编写类似的攻击处理逻辑。若其中某处逻辑出现偏差，就可能导致严重的程序错误。由此可见，当前的代码实现方式存在较高的逻辑错误风险。

为提升调试便利性，可在攻击行为完成后添加日志输出功能。通过console.log方法输出相关战斗信息，包括攻击方与被攻击方的名称，从而清晰地展示攻击关系及造成的伤害值。为此，需要将怪物名称作为额外参数进行传递。具体实现代码如下。

```
function attack(attack_name: string, target_name: string, currentHp: number,
level: number) {
    currentHp -= level;
    console.log(`${attack_name}攻击了${target_name}，造成了${level}点伤害，剩余血
量为${currentHp}`);
    return currentHp;
}
```

第一个参数是攻击者的名字，第二个参数是被攻击者的名字。这样，就可以清楚地标记出攻击的双方。这里使用模板字符串进行拼接。在进行攻击时，需要把名字传递过去。例如，怪物1攻击怪物2时，代码如下。

```
monster2_currentHp = attack(monster1_name, monster2_name, monster2_currentHp,
monster1_level);
```

通过这种方式，就实现了简单的攻击功能。

现在，已经完成了怪物1和怪物2之间的互相攻击。但这种方式在创建多个怪物时会变得非常麻烦。如果要创建怪物3、怪物4等更多怪物，需要为每个怪物定义大量的变量，管理起来非常复杂。怪物1有很多变量，怪物2也有很多变量，变量名会变得很长。此外，在编写方法时，逻辑也会变得混乱，因为很难分清楚是谁攻击谁，每次攻击都需要传递相应的变量，这非常烦琐。

3.7.3　Class类

接着来看一下怎么通过类，让整个代码变得更加清晰。

类的定义是这样的：类相当于模板，这个模板就是怪物的模板。可以说，要定义一个类，就是定义一个模板。因此，面向对象编程，也可以叫作面向模板编程，即面向类编程。定义怪物的模板，就是定义一个类。

定义一个类，示例如下。

```
class Monster {
    name: string = "";
    type: string = "";
```

```
        level: number = 1;
        maxHp: number = 0;
        currentHp: number = 0;
    }
```

通过class关键字后接空格及名称的方式定义类，该名称即为模板名称，亦称为类名。针对怪物这一概念，可将其命名为“Monster”。随后使用大括号包裹模板内容，其中需定义该怪物模板的相关信息。需特别说明的是，此过程仅完成模板的定义，尚未进行实际使用。模板定义完成后，即可基于该模板创建具体的怪物实例。

在模板内部，必须明确定义该模板所包含的属性，并为各属性赋予初始值（否则将导致程序报错）。Monster类中需包含5个属性。完成模板的定义后，便可以批量生成怪物实例。

利用该模板生成怪物实例，可采用如下方式。

```
let monster1 = new Monster();
monster1.name = "亡灵法师";
let monster2 = new Monster();
monster2.name = "牛头人";
```

new关键字表示实例化操作，其功能是通过类创建具体对象。访问Monster类中定义的属性可通过点运算符实现，例如name、type、level、maxHp、currentHp等属性均可通过此方式访问。这表明已成功利用类模板创建了一个具体对象，即完成了一个实例的实例化过程。

monster1与monster2是两个完全独立的实例对象。通过monster1.name语法可访问monster1实例的name属性。若将该属性值修改为“亡灵法师”，则可观察到monster1实例的name属性值已更新，而monster2实例的name属性保持不变。这是由于通过类创建的每个对象都是相互隔离的独立实体，因此修改monster1的属性不会对monster2产生任何影响。

类模板的核心作用在于明确定义对象应包含的属性及其默认值。通过这个简单示例，我们可以直观地体会到使用类带来的优势：相较于之前需要为monster1和monster2分别定义5个独立变量的实现方式，现在仅需维护monster1和monster2两个实例对象，通过点运算符即可便捷访问其内部属性。

采用封装类的方法后，代码结构得到显著改善。Monster类虽然仅包含5个属性，但通过类的组织形式，代码逻辑更加清晰明确。类的声明与使用过程具有高度的简洁性。

关于怪物属性的初始化，需要为monster1和monster2分别设置不同的初始值。以monster1为例，其赋值方式如下。

```
monster1.type = "法师";
monster1.level = 20;
monster1.maxHp = 100;
monster1.currentHp = 40;
```

通过为这5个变量赋值，就完成了monster1的初始化。此时，monster2还保持着默认值，也需要给它赋值。

```
monster2.type = "肉盾";
monster2.level = 10;
monster2.maxHp = 200;
monster2.currentHp = 100;
```

然而，可以观察到当前初始化过程存在一定程度的烦琐性。具体表现为：需要逐个为对象属性进行赋值操作，必须通过对象实例访问内部属性后再执行赋值，这一流程显得较为冗长。更为关键的是，后续每次创建新的Monster实例，都需要重复执行相同的赋值操作，这将显著增加编码工作量。那么，是否存在更为简便的赋值方式？解决方案是采用构造函数机制。

构造函数的具体定义方式如下：回到类定义层面，在类结构中为其添加构造函数。

```
class Monster {
    name: string = "";
    type: string = "";
    level: number = 1;
    maxHp: number = 0;
    currentHp: number = 0;
    // 构造函数
    constructor(n: string, t: string, l: number, mHp: number, cHp: number) {
        this.name = n;
        this.type = t;
        this.level = l;
        this.maxHp = mHp;
        this.currentHp = cHp;
    }
}
```

构造函数的主要功能是对类属性执行初始化操作。在定义构造函数时，首先需要使用constructor关键字。构造函数本质上是一个特殊函数，设计它的目的就是专门用于属性初始化。

在本例中，需要对5个属性进行初始化，因此需要接收5个参数值。将这些传入的参数依次赋值给对应的属性，即可完成属性的初始化过程。

可以注意到，在进行属性赋值时，必须使用this关键字。this的作用在于明确指示访问当前类实例中的属性，例如this.maxHp即表示访问当前实例的maxHp属性。

通过定义构造函数，在实例化对象时，便可以在new操作中直接传入初始化所需的参数值。

```
let monster1: Monster = new Monster("亡灵法师", "法师", 20, 100, 40);
```

这里就是在调用构造函数，monster2也是一样的。

```
let monster2: Monster = new Monster("牛头人", "肉盾", 10, 200, 100);
```

采用构造函数进行初始化仅需一行代码即可完成，这显著提升了代码的简洁性。构造函数的核心价值在于简化属性初始化流程。此外，由于构造函数已包含属性初始化逻辑，因此无须再单独为这些属性赋予初始值。

关于this关键字的补充说明：this本质上是一个访问类成员（当前主要为属性，后续可能包含方法）的专用关键字。其具体指向取决于调用对象，例如当操作monster1时，this即指向monster1实例；当操作monster2时，this则指向monster2实例。

至此，类的基本结构已包含属性和构造函数。接下来可进一步完善类的功能，为其添加方法。方法通常表示对象可执行的行为，例如可为怪物类添加attack方法，以实现攻击行为。

```
class Monster {
    name: string;
    type: string;
    level: number;
    maxHp: number;
    currentHp: number;

    // 构造函数
    constructor(n: string, t: string, l: number, mHp: number, cHp: number) {
        this.name = n;
        this.type = t;
        this.level = l;
        this.maxHp = mHp;
        this.currentHp = cHp;
    }
    // 攻击
    attack(target: Monster) {
        target.currentHp = target.currentHp - this.level;
          console.log(`${this.name}攻击了${target.name}, 造成了${this.level}点伤
害，剩余血量为${target.currentHp}`);
    }
}
```

这个方法的作用是让目标的血量减去伤害值，然后重新赋值给目标的血量，

也就是目标的剩余血量。现在，攻击可以按如下代码操作。

```
monster1.attack(monster2);
```

此时，monster1攻击了monster2。然后可以让monster2攻击monster1。

```
monster2.attack(monster1);
```

当前通过类的定义，已为其添加了属性、构造函数和方法这三个核心组成部分。属性作为信息的集合体，整合了与怪物相关的各类数据；构造函数专司属性初始化工作；方法则定义了怪物可执行的行为，例如攻击动作。

相较于先前的实现方式，采用类的方式可以使代码结构更清晰。需要说明的是，类的应用远不止于此，当前仅涉及其最基础的核心用法。

下面将探讨权限控制机制：可通过public和private关键字对类成员进行访问权限管理。需要特别指出的是，构造函数的访问权限无须控制，因其仅限于对象构造阶段使用，应用场景单一，故无须设置任何权限限制。

类成员主要包括属性和方法两类元素。通过public和private关键字可有效控制其访问权限。设置访问权限的必要性在于：若不加以控制，外部可直接通过对象实例修改内部属性值。示例如下。

```
monster1.currentHp = 1000;
```

此类修改显然不合理，原因在于currentHp属性本应仅在攻击或治疗行为发生时产生数值变化，且1000这一数值已超出其最大血量上限。因此，必须限制currentHp属性的修改权限，确保其仅能在类内部方法（如攻击或治疗函数）中进行调整，而禁止外部直接访问或修改。

无论项目处于开发后期阶段，还是其他开发人员介入协作开发阶段，若缺乏对属性访问权限的有效控制，均可能导致属性被随意修改。

以maxHp和currentHp属性为例，二者均无须对外暴露修改接口。这些属性仅需通过内部方法完成初始化，其中maxHp初始化后更应保持固定状态，因其表征的是不可变的最大血量值。针对这种情况，为防止此类错误发生，可通过添加private访问修饰符来实现严格的权限控制，具体实现如下。

```
class Monster {
    private name: string;
    private type: string;
    private level: number;
    private maxHp: number;
    private currentHp: number;
    ...
}
```

private关键字用于声明私有成员。私有属性的本质特征在于其访问范围仅限于类内部，若将属性设置为私有，则外部代码将无法直接访问该属性。此处“外部”特指类定义范围之外的代码区域。示例如下。

```
monster1.currentHp = 1000;
```

此段代码将引发错误，原因在于currentHp属性已被声明为私有成员，仅允许在类内部访问。这种权限控制机制能有效降低程序出错的风险。相较于放任外部代码直接修改属性可能导致的不可预知的问题，通过访问权限限制可以预先规避对特定属性的非法访问。对于无须外部访问的属性，建议将其设置为私有。

需要特别说明的是，类成员的默认访问权限为public（公开）。但为明确权限范围，建议显式声明每个成员的访问权限。

关于属性访问，主要涉及两种操作：取值与赋值。当属性被声明为私有后，外部代码既无法读取也无法修改其值。但在实际开发中，可能存在这样的需求：允许外部读取属性值，但禁止修改。以currentHp属性为例，可能需要开放其读取权限，但限制修改操作。此时可通过getter方法和setter方法实现。

getter与setter方法具备双重优势：其一，可分别控制属性的读取与修改权限；其二，能在属性赋值时执行额外的逻辑校验，确保数值修改的合理性。下面通过具体代码示例演示getter和setter方法的实现方式。

```
public getCurrentHp(): number {
    return this.currentHp;
}

public setCurrentHp(h: number): void {
    if (h < 0) {
        this.currentHp = 0;
        return;
    }
    this.currentHp = h;
}
```

由于currentHp属性被声明为private，该属性仅能在类的内部方法中访问，外部代码无法直接获取。但外部可通过调用getCurrentHp方法间接获取该属性值。

常规做法是将属性设为私有，并为其配套提供getter和setter方法。这两个方法实质上构成了访问权限的控制开关，可灵活配置属性的读取与修改权限。

此设计还具有数值校验的优势。在设置currentHp值时，可进行有效性验证：若传入值小于0，则强制将currentHp设为0，从而避免非法值的产生。所谓非法值，特指违背业务逻辑的数值，如负数的血量显然不符合逻辑。当出现此类情况

（例如角色已死亡）时，直接将血量归零即可。

需特别注意：当数值被修正为0后，无须继续执行后续代码。此时可通过return语句直接终止方法。由于该方法不返回任何值，因此return语句后仅需添加分号表示方法终止。

补充说明方法返回值类型的规范：无返回值的方法应声明为void类型。虽然void可省略不写，但为保持代码的规范性，建议明确所有方法声明的返回值类型，包括void类型的方法。

综上所述，getter和setter方法实现了对属性访问权限的精细控制。此外，在攻击逻辑中同样需要设置最低血量限制。每次攻击后都应进行血量下限检查。

```
class Monster {
    ...
     ...
    // 攻击
    attack(target: Monster) {
        target.setCurrentHp(target.getCurrentHp() - this.level);
          console.log(`${this.name}攻击了${target.name}, 造成了${this.level}点伤害，剩余血量为${target.getCurrentHp()}`);
    }
     ...
}
```

在实现attack方法时，可直接调用target对象的setCurrentHp方法，该方法已内置数值校验机制，可确保血量值始终不小于0。

接下来将介绍getter和setter方法的简化语法形式。该语法形式能提升代码编写效率，但其采用与否属于开发者个人偏好，大家可根据实际项目需求灵活选择。

若需使用简化语法，首先应对属性命名进行规范化调整以避免命名冲突。具体操作规范是在原属性名前添加下划线前缀。以name属性为例，其修改方式如下。

```
class Monster {
    private _name: string;
    private type: string;
    private level: number;
    private maxHp: number;
    private currentHp: number;

    // 构造函数
    constructor(n: string, t: string, l: number, mHp: number, cHp: number) {
        this._name = n;
        this.type = t;
        this.level = l;
```

```
        this.maxHp = mHp;
        this.currentHp = cHp;
    }

    // 属性寄存器
    public get name(): string {
        return this._name;
    }

    public set name(n: string) {
        this._name = n;
    }
    ...
    ...
}
```

需要特别注意的是，在get与name之间存在一个空格间隔，这种语法结构被称为属性访问器。其本质上仍属于get方法的范畴，但在调用方式上存在显著差异。例如，可通过monster1.name直接访问name属性，而无须像调用常规方法那样添加括号。这种语法的优势在于，允许开发者以访问普通属性的方式调用方法，无须显式地书写方法调用语法。

同样，也可采用monster1.name = “高级死灵法师” 的语法结构为name属性赋值，无须显式地调用set方法。使用属性访问器（getter/setter方法）进行赋值操作的优势在于，可在赋值过程中嵌入合法性校验等逻辑。例如，可验证赋值内容是否符合业务逻辑，或对输入值进行必要的预处理操作。

这种语法形式实质上是将getter和setter方法的调用封装为属性访问语法，使代码表达更为简洁直观。接下来将介绍新的语法特性——static关键字。

首先创建Person类。

```
class Person {
    name: string;
    constructor(n: string) {
        this.name = n;
    }
}
```

这个Person类代表人。现在，可以利用这个类创建一些人。

```
let p1 = new Person("张三");
let p2 = new Person("李四");
```

接下来需定义一个用于统计对象创建次数的变量，即记录当前已创建的Person对象的实例总量。在Person类中声明一个名为count的变量，数据类型为number，初始值设为0——因系统启动时尚未创建任何对象。

每次实例化Person类时，count变量值应自动递增1。为实现该功能，需将该属性声明为static。static关键字用于标记静态成员，包括静态属性和静态方法。静态成员的特性在于其属于类本身而非特定实例，即所有Person对象共享同一份count值，而非p1或p2各自持有独立的副本。访问静态成员必须通过类名。

因此，在构造函数中完成对象实例化后，需执行count+=1操作以更新实例计数，具体实现方式如下。

```
class Person {
    static count: number = 0;
    name: string;
    constructor(n: string) {
        this.name = n;
        Person.count += 1;
    }
}
```

首先，静态属性要通过类来访问。其次，静态属性是所有对象共享的属性，它不属于某一个对象。当创建了p1之后，p1里并不包含count，因为它是共享的属性。共享属性是通过类来使用的，因此，当创建两个对象后，运行以下代码。

```
console.log(Person.count);
```

运行后会发现，count等于2，因为创建了两个对象。如果创建了3个对象，例如张三、李四和王五，那么数量就是3，因为每次创建对象时都会调用构造函数，每次调用构造函数，count都会增加1。

当然，也可以设置静态属性为私有，这样外界就没办法访问了。但它可以在内部通过类名来访问，示例如下。

```
class Person {
    private static count: number = 0;
    name: string;
    constructor(n: string) {
        this.name = n;
        Person.count += 1;
    }
    static getCount() {
        return Person.count;
    }
}
```

如果把count设置为私有的private，那么外界就可以通过getCount来获取它。

```
Person.getCount();
```

这里要注意的是，getCount也加了static，是一个静态方法。在静态方法里，是无法使用普通属性的。因为要访问一个普通属性，这个属性必须存在于具体的对象里。而静态方法是属于类的，它不知道用户要访问的是哪个对象的属性。

因此，在静态方法里，只能使用静态属性，无法使用非静态属性和方法。这一点需要注意。

接下来再讲一个关键词——readonly。虽然这个关键词用得不是很多，但了解一下还是很有必要的。从名字就能看出，readonly表示只读。它是一个属性修饰符，用来修饰属性，表示这个属性是只读的，也就是说，这个属性的值不能被修改。

来看一个例子，代码如下。

```
class Person {
    readonly name: string;
    constructor(n: string) {
        this.name = n;
    }
}
```

name属性被声明为readonly，可以在构造方法里初始化。但在后续使用时，就不能再修改它的值了。示例如下。

```
let p1 = new Person("张三");
p1.name = "李四"; // 这里会报错，因为`name`是只读的
```

readonly和private有什么区别呢？private是通过方法来设置访问权限的，外部无法修改，但内部可以修改。而加上readonly之后，这个属性就是只读了，不管是内部还是外部，都无法修改它的值，除了在构造方法里可以初始化赋值，其他地方都不能修改它的值。

那么，什么时候使用readonly呢？一般来说，readonly适用于一些后续不需要再修改值的属性。举个例子，在计算数学题时会经常用到圆周率π，可以像下面这样写代码。

```
class Person {
    readonly name: string;
    readonly PI: number;
    constructor(n: string) {
        this.name = n;
        this.PI = 3.1415;
    }
}
```

这样，后续就不能再给π赋值了，因为π是不需要发生改变的，在构造函数里给它赋值一次就可以了。

因此，在项目开发中，当一个属性的值不需要再更改时，就可以把它设置为readonly。这样做的好处是防止误操作，避免不小心把一个属性的值改了。

3.7.4 继承

为方便大家深入理解继承机制，现以动物行为模拟程序为例进行说明。该程序需实现多种动物（如犬类、猫科动物及禽类等）的行为模拟功能。以下是犬类（Dog）的基础类定义。

```
class Dog {
    name: string;
    constructor(name: string) {
        this.name = name;
    }
    move(distance: number) {
        console.log(`${this.name}移动了${distance}米。`);
    }
    talk() {
        console.log("汪汪！");
    }
}
```

在该Dog类中，每个实例均具有唯一的标识名称，该特性通过name属性实现。此外，该类定义了两个核心行为：移动与吠叫。移动功能由move方法实现，该方法接收一个数值参数，用于指定移动距离。吠叫功能则由talk方法提供，其实现逻辑为输出“汪汪”的叫声。

完成Dog类的定义后，可进行实例化操作。例如，创建一个名为“旺财”的Dog实例，随后调用move(3)方法使其移动3米，再通过talk()方法触发其吠叫行为。

```
let d1 = new Dog("旺财");
d1.move(3);
d1.talk();
```

接下来再创建一个猫类（即Cat类）。

```
class Cat {
    name: string;

    constructor(name: string) {
        this.name = name;
    }

    move(distance: number) {
        console.log(`${this.name}移动了${distance}米。`);
    }

    talk() {
        console.log("喵喵！");
    }
}
```

在Cat类中，每只猫的实例同样具有专属名称，该特性通过name属性体现。与Dog类相似，Cat类也具备移动能力，但其发声特征与犬类存在差异，猫的叫声表现为“喵喵”。可通过创建名为“加菲”的Cat实例，调用move(10)方法使其移动10米，随后执行talk()方法触发其叫声。

```
let c1 = new Cat("加菲");
c1.move(10);
c1.talk();
```

再接着创建一个小鸟类（即Bird类）。

```
class Bird {
    name: string;

    constructor(name: string) {
        this.name = name;
    }

    move(distance: number) {
        console.log(`${this.name}移动了${distance}米。`);
    }

    talk() {
        console.log("叽叽喳喳！");
    }
}
```

小鸟也有名字，且可以移动，小鸟的叫声是“叽叽喳喳”。创建一个名叫“飞飞”的Bird实例，让它移动1米，再让它叫一下。

```
let b1 = new Bird("飞飞");
b1.move(1);
b1.talk();
```

现对这3个类进行分析，可观察到其中存在显著的代码重复现象。具体表现为：每个类均包含name属性、结构相似的构造函数，以及功能相近的move方法。这种重复性设计将引发若干问题。

首先，代码可维护性降低。若需新增属性，必须在3个类中逐一修改，这将显著增加维护成本。其次，功能扩展效率低下。例如，若需为move方法设置默认移动距离（如5米），同样需要在3个类中分别调整。

为解决上述问题，可采用继承机制。继承的核心思想是创建基础父类，并由子类继承其特性。类比现实中的继承关系，子类将自动获取父类的全部属性和方法。在本案例中，鉴于狗、猫、鸟均属动物范畴，可构建名为Animal的公共父类。

```
class Animal {
```

```
        name: string;
        constructor(name: string) {
            this.name = name;
        }
        move(distance: number) {
            console.log(`${this.name}移动了${distance}米。`);
        }
    }
```

在这个动物类中，每个动物都有名字，都可以移动。接下来让Dog类、Cat类和Bird类这3个类继承Animal类。

```
    class Dog extends Animal {
        talk() {
            console.log("汪汪！");
        }
    }

    class Cat extends Animal {
        talk() {
            console.log("喵喵！");
        }
    }

    class Bird extends Animal {
        talk() {
            console.log("叽叽喳喳！");
        }
    }
```

通过继承机制，父类中定义的属性和方法将自动被子类继承。因此，在子类实现中，无须重复声明name属性和move方法。这种设计将公共代码统一封装于父类，仅需维护单一代码库，显著提升了开发效率。

然而，继承体系还包含方法重写这一重要特性。以父类中的move方法为例，Cat类和Dog类均采用地面移动方式，可直接继承该方法。但Bird类采用飞行移动方式，与父类实现存在本质差异。此时，可在Bird子类中对move方法进行重写。

```
    class Bird extends Animal {
        move(distance: number) {
            console.log(`${this.name}飞行了${distance}米。`);
        }

        talk() {
            console.log("叽叽喳喳！");
        }
    }
```

通过方法重写机制，Bird类已具备专属的move方法实现，准确表征鸟类通过飞行方式移动的特性。当子类重写父类方法后，调用方法时将优先执行子类中的重写版本。

综上所述，继承机制的核心特征可归纳为：子类自动继承父类的全部属性和方法。当子类需要实现与父类不同的特定行为时，可通过方法重写进行差异化实现。该机制有效减少了代码重复，显著提升了系统的可维护性。

以游戏开发为例进行延伸说明：游戏场景中通常包含英雄（Hero）与怪物（Monster）两类角色实体。其中，英雄代表玩家可控制角色，怪物则属于非玩家角色（NPC）或敌对生物。虽然二者存在功能差异，但均属于Character角色范畴。基于此，可构建名为Character的公共父类，使Hero与Monster继承其共性特征。各子类独有的属性和方法则分别在对应的类中实现。

以下是Character基类的代码实现。

```
class Character {
    name: string;
    hp: number;
    x: number;
    y: number;

    constructor(name: string, hp: number, x: number, y: number) {
        this.name = name;
        this.hp = hp;
        this.x = x;
        this.y = y;
    }

    move(dx: number, dy: number) {
        this.x += dx;
        this.y += dy;
    }

    attack(target: Character) {
    }
}
```

在游戏系统设计中，每个角色实体均包含名称（name）、生命值（hp）及二维坐标位置（x,y）等基础属性。针对2D游戏场景，角色位置采用笛卡尔坐标系表示法，通过X轴与Y轴的数值组合精确定位。值得注意的是，英雄（Hero）与怪物（Monster）均具备移动能力，其移动行为通过move方法实现。该方法接收dx与dy两个矢量参数，分别表示X轴与Y轴方向的位移量。此处的位移矢量兼具方向与大小两个维度的特征，能够准确描述角色的运动轨迹。具体实现时，新坐标值通过原坐标值与位移矢量的代数叠加计算获得。

角色系统还包含攻击（attack）行为的实现。该行为需要指定攻击目标，其参数类型为公共父类Character。这种设计使得攻击行为具备多态特性：英雄可攻击怪物，怪物亦可攻击英雄；在多人游戏场景中，英雄间可互相攻击，怪物间也存在相互攻击的可能。

以下展示Hero子类的具体实现。

```
class Hero extends Character {
    lv: number;
    exp: number;
    skills: string[];

     constructor(name: string, hp: number, x: number, y: number, lv: number,
exp: number, skills: string[]) {
        super(name, hp, x, y);
        this.lv = lv;
        this.exp = exp;
        this.skills = skills;
    }
}
```

在面向对象编程的继承体系中，Hero类作为Character类的子类，除了继承父类的特性，还具有专有属性和方法。具体而言，Hero类包含等级（lv）、经验值（exp），以及技能列表（skills）等特有属性。其中，技能数据采用字符串数组形式存储，每个数组元素对应一个技能名称。

关于类的构造过程，Hero类的构造函数中显式地调用super关键字，此操作旨在执行父类构造函数，完成父类属性的初始化工作。由于子类自动继承父类的所有属性，因此必须在子类构造函数中对这些继承属性进行正确初始化，这是确保子类功能正常运行的前提条件。需要特别说明的是，构造函数的本质作用就是完成类属性的初始化工作，只有经过初始化的属性才能被正常访问和使用。在继承场景下，子类构造函数必须通过super调用父类构造函数，这是面向对象编程的基本原则。

现在继续扩展Hero类的功能。在已有属性的基础上，为其添加特有方法。例如，定义learnSkill方法来实现技能学习功能，该方法可将新技能添加到技能列表中。此外，Hero类还需要实现技能使用功能。考虑到技能释放通常需要指定目标对象，因此技能使用方法需接收两个参数：目标对象（类型为Character）和技能名称字符串，以此明确技能释放的具体目标和技能类型。

```
learnSkill(skill: string) {
    this.skills.push(skill);
}

useSkill(target: Character, skill: string) {
    console.log(`对${target.name}使用了${skill}技能`);
}
```

在游戏角色系统的设计中，继续完善继承体系，创建与Hero类相对应的Monster类。作为Character类的另一个子类，Monster类同样具有其特有的属性和行为特征。具体而言，怪物角色拥有类型属性（如普通怪物、精英怪物等分类标识），并实现专属的行为方法，例如，roar方法用于模拟怪物发出嚎叫的特有行为。

以下是Monster类的具体实现代码。

```
class Monster extends Character {
    type: string;

    constructor(name: string, hp: number, x: number, y: number, type: string) {
        super(name, hp, x, y);
        this.type = type;
    }

    roar() {
        console.log(this.name + "嚎叫了！");
    }
}
```

为阐释面向对象编程中的继承机制，现以“车”类为例进行说明。在类层级设计中，“车”可作为所有车辆类型的公共父类，其子类可包含汽车（Car）、三轮车（Tricycle）、大卡车（Truck）、越野车（Off-road Vehicle）等具体实现。这种继承架构允许将各类车辆共有的属性和方法定义在父类中，而各子类则可扩展特有的属性和方法。

在继承关系层面，可表述为：“所有的汽车都是车”“所有的三轮车都是车”“所有的大卡车都是车”“所有的越野车都是车”。这表明子类对象均可被视为父类对象的实例。但反向关系不成立，即不能表述为“所有的车都是汽车”，因为父类“车”包含多种子类型，无法确定具体实例所属的子类范畴。

将此概念映射到程序实现中，以“Hero”“Monster”和“Character”类为例：所有的“Hero”都是“Character”，所有的“Monster”也都是“Character”。但不可断言所有的“Character”都是“Hero”。在代码层面，这种关系可通过以下方式实现。

```
let c: Character = new Monster("怪物1", 2, 33, 4, "普通怪");
```

在类型系统的继承关系中，当c变量的类型声明为Character时，允许为其赋值Monster类型的对象。这种类型兼容性源于Monster类对Character类的继承关系，即所有的Monster实例本质上都是Character类型。因此，将Monster对象赋值给Character类型的变量是完全合法的类型转换操作。

然而，逆向赋值操作会导致类型错误，如以下代码。

```
let m: Monster = new Character("怪物2", 2, 33, 4);
```

这段代码会产生编译错误，原因在于试图将父类Character对象强制转换为子类Monster对象。这种类型转换之所以非法，是因为Monster类扩展了Character类特有的属性和方法，父类实例并不具备这些子类特有的成员。

再考察以下代码示例。

```
let hero = new Hero("主角", 100, 100, 10, 5, 100, ["技能1"]);
hero.useSkill(c, "技能1");
```

在此例中，创建了Hero对象并使用技能1攻击怪物1。值得注意的是，useSkill方法的第一个参数虽然声明为Character类型，但实际传入的是Monster对象。这种参数传递之所以有效，正是基于Monster类对Character类的继承关系，使得Monster实例能够被当作Character类型使用。

这揭示了面向对象编程中继承关系的重要特性：子类对象可以向上转型为父类类型使用，但父类对象不能向下转型为子类类型使用。所有子类实例均可被视为父类实例，但并非所有父类实例都能被视为子类实例。

3.7.5　接口

在程序设计领域，接口（interface）作为面向对象编程的重要概念，其功能可通过日常生活中的水管接口进行类比。以标准水龙头接口为例，该接口具有特定的尺寸规格和螺纹参数，唯有完全符合这些标准规范的连接件才能与之匹配，进而实现正常的流体传输功能。若接口尺寸有偏差或规格不符，则无法建立有效连接。

在软件架构中，接口的核心理念与此相通。首先，接口作为行为规范的载体，明确规定了实现者必须遵循的契约标准；其次，接口聚焦于功能实现的统一性，如同水龙头接口确保水流输出的可靠性，程序接口也要求实现者严格遵循既定规范，以确保功能一致性。在继承关系中，接口支持implementation操作，这种类继承接口的行为通常称为“实现接口”。

接口本质上可视为“抽象化的类”。它定义了一组方法签名和属性声明，但仅包含方法的形式化描述（即方法头），而不涉及具体的实现逻辑（即方法体）。例如，一个完整的方法定义通常包含以下要素。

```
function foo() {
    // 这里是方法体
}
```

而接口中的方法只有函数头，没有函数体。函数头定义了函数的名字和参数列表，函数体则是具体的实现代码。如果一个函数没有函数体，那么这个函数是不完整的，无法被调用。

接口可以包含属性和方法的声明。例如，定义一个Animal接口。

```
interface Animal {
    name: string;
    age: number;
    makeSound(): void;
}
```

这个接口定义了一个动物的规范，所有实现这个接口的类都必须包含name和age这两个属性，以及一个makeSound方法。具体实现则由各个类来完成。例如，定义一个Dog类，实现Animal接口。

```
class Dog implements Animal {
    name: string;
    age: number;

    constructor(n: string, age: number) {
        this.name = n;
        this.age = age;
    }

    makeSound(): void {
        console.log("汪汪");
    }
}
```

在面向对象编程中，Dog类通过implements Animal关键字声明实现了Animal接口。这一语法约束要求Dog类必须严格遵循Animal接口中定义的属性和方法规范。接口的核心功能在于确立标准契约，而具体的实现细节则由各个派生类自行完成。

那么，为何需要采用接口机制而非直接定义基类？接口的核心优势在于其提供的标准化框架，这显著提升了代码的可扩展性和可维护性。在实际工程实践中，软件需求具有动态演进的特性。例如，项目初期可能仅需实现Dog和Cat两个动物类，但半年后需求可能扩展至包含Snake、Bird等新物种。通过预先定义Animal接口，即便在需求变更时引入新的动物类，该接口仍能强制要求实现所有必要的属性和方法，从而有效规避遗漏实现的风险。

接口的另一重要价值体现在维护的便捷性方面。例如，当声明一个类型为Animal的变量并赋予其Dog对象实例时。

```
let pet: Animal = new Dog("大黄", 2);
```

如果后续需要将宠物从狗换成猫，只需要添加一个Cat类，并实现Animal接口。

```
class Cat implements Animal {
    name: string;
    age: number;
    constructor(n: string, age: number) {
        this.name = n;
        this.age = age;
    }
    makeSound(): void {
        console.log("喵喵");
    }
}
let pet: Animal = new Cat("加菲", 2);
```

这种编程方式允许开发者在保持声明不变的前提下灵活替换具体实现类。该模式具有双重优势：其一，遵循既定规范可显著降低出错概率；其二，极大地提升了代码的可维护性。在实际运行环境中，当需要变更具体实现时，仅需调整实例化对象即可，无须修改任何类型声明代码。

最后需要阐述的是抽象类（Abstract Class）的概念。抽象类可类比为建筑中的毛坯房框架结构，虽然不能直接实例化使用，但可作为基础模板派生出各种具体实现。在TypeScript语言中，通过abstract关键字可定义抽象类及其抽象方法。例如，定义一个动物抽象类的语法结构如下。

```
abstract class Animal {
    name: string;
    age: number;
    constructor(name: string, age: number) {
        this.name = name;
        this.age = age;
    }
    // 抽象方法，没有具体实现，子类必须实现
    abstract makeSound(): void;
    // 具体方法，子类可以直接继承
    eat(): void {
        console.log(`${this.name}正在吃饭`);
    }
}
```

Animal被定义为抽象类，其包含name和age两个属性，并实现了具体的eat方法，同时声明了抽象方法makeSound。该抽象方法未提供具体实现，强制要求所有子类必须完成对该方法的重写。

随后，定义两个具体的动物类：Dog（狗）和Cat（猫）。这两个类均继承自Animal抽象类，将遵循抽象类定义的接口规范进行具体实现。

```
class Dog extends Animal {
    constructor(name: string, age: number) {
        super(name, age);
    }
    makeSound(): void {
        console.log(`${this.name}汪汪叫`);
    }
}
class Cat extends Animal {
    constructor(name: string, age: number) {
        super(name, age);
    }
    makeSound(): void {
        console.log(`${this.name}喵喵叫`);
    }
}
```

Dog类和Cat类均继承自Animal抽象类，并实现了makeSound抽象方法的具体实现——狗类发出“汪汪”的叫声，猫类发出“喵喵”的叫声。

通过此例可见，抽象类与接口存在显著相似性，但二者在本质上存在区别。抽象类可同时包含具体属性、普通方法及抽象方法，而接口仅能包含抽象方法的声明。接口是纯粹的行为规范定义，而抽象类本质上仍属于类范畴，只是包含未实现的抽象方法。需特别注意的是，由于抽象类包含抽象方法，因此不能直接实例化，必须通过子类实现这些抽象方法后才能使用。

针对抽象类的应用场景，其与接口的核心差异可归纳为：接口是完全抽象的契约，仅包含方法签名；抽象类则是部分抽象的基类，既可包含抽象方法，也可包含具体实现。这种差异决定了二者在不同设计场景下的适用性。

第4章

Cocos Creator 游戏引擎基础

4.1 Cocos Creator 的安装与配置

相较于Unity，Cocos Creator在市场占有率与引擎功能完备性方面存在一定的差距，但其在垂直领域，特别是小游戏开发场景中展现出显著优势。对于熟悉Unity的开发团队而言，可以发现Cocos Creator的操作逻辑与Unity具有高度的相似性，但在小游戏专项优化方面表现更为突出。这种差异化竞争力正是Cocos Creator能够在游戏引擎市场占据稳固地位的核心因素：通过深耕小游戏细分领域，为开发者提供了高效的发布与开发解决方案。

4.1.1 下载与安装步骤

当前用到的版本为Cocos Creator 3.8.6。注意，在安装过程中，必须优先部署Cocos Dashboard——这是官方推出的版本管理工具，用于实现多版本引擎的并行管理。

访问Cocos官网后，版本选择界面会同时展示3.x系列（最新为3.8.6）与2.x系列。需要强调的是，2.x与3.x版本存在显著的架构差异，新项目建议优先采用3.x版本。

- 首先下载Cocos Dashboard，在安装过程中支持自定义路径（如D盘），耗时较短。
- 首次启动需完成账号验证（未注册账号的用户需先在官网注册）。
- 主界面包含项目管理、资源商城及学习资源三大功能模块。

在安装Cocos Creator时，需通过安装编辑器功能选择3.8.6版本进行部署。在安装过程中，支持自定义安装路径（默认目录为预设值），系统语言默认为简体中文。完成安装后，开发者即可启动Cocos Creator进行项目创建——每个项目对应一个独立的游戏单元，具备完整的发布能力。

后续学习将涉及Visual Studio Code（VS Code）的使用。该工具作为专业级代码编辑器，虽然相较于轻量级编辑器存在体积较大的特点，但其对TypeScript（TS）语言的原生支持具有显著优势。在后续代码开发环节中，VS Code将作为核心编辑工具发挥作用。

4.1.2　初始化设置

1. 项目初始化

启动Cocos Dashboard后，通过“新建项目”功能创建工程。在模板选择界面提供了3D/3D HQ/2D/HelloWorld/AR/VR等多种选项。

- 2D/3D游戏开发推荐使用Amparty系列模板。
- AR/VR项目需选择对应的专用模板（含基础配置预设）。
- 建议开发者创建不同的模板项目进行功能验证。

2. 3D项目配置规范

选择Empty (3D)模板时需注意以下3点。

- 设置工程路径时避免使用空格。
- 采用首字母大写的命名规则（如FirstProject）。
- 确认使用3.8.6版本引擎。

3. 开发环境说明

项目加载完成后将进入集成开发环境（IDE）。需要特别说明的是，Cocos Creator的2D/3D开发采用统一的核心架构，差异主要体现在渲染管线配置层面——底层逻辑均基于相同的游戏对象控制系统。

编辑界面采用模块化设计。

（1）顶部为标准化的菜单栏。

（2）中部配置可自定义布局的浮动窗口。

（3）帮助系统包含以下两个重要资源。

- 使用手册：官方权威教程，涵盖引擎各系统的详解。

- API文档：提供完整的中文接口说明。

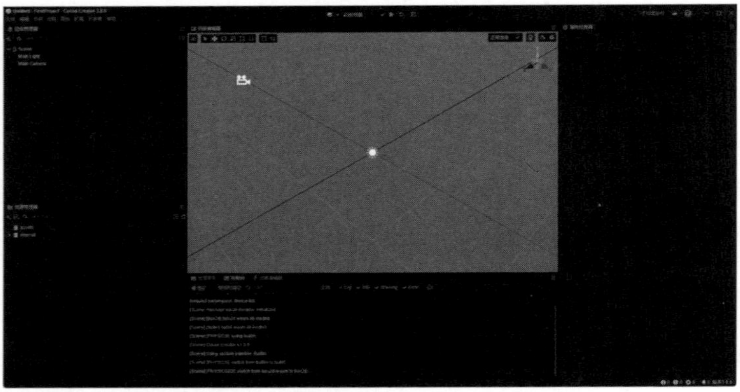

4. 基础项目创建流程

（1）场景管理

- 使用快捷键Ctrl+S保存当前场景。
- 默认存储路径为工程目录下的assets资源文件夹。
- 保持默认命名即可生成.scene格式的场景文件。

（2）资源管理器显示结果

- 新创建的场景文件将显示为空白状态。
- 该文件作为项目入口点，后续所有游戏对象均在此场景中构建。

在场景编辑界面选择下图所示的命令，创建一个空节点。

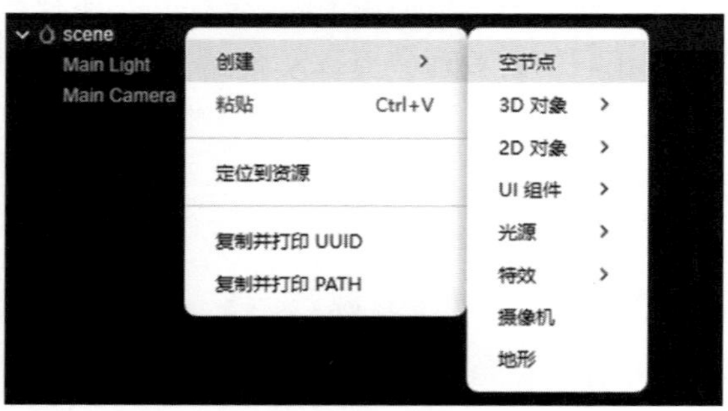

第一步，在层级管理器中选中目标空节点。

第二步，切换至资源管理器界面。

第三步，定位至assets文件夹，单击鼠标右键。

第四步，选择“新建→脚本（TypeScript）”命令。

第五步，保持默认命名并按Enter键确认。

第六步，返回场景编辑界面，将创建的TS脚本拖至目标节点，完成挂载。

该组件通过编写代码实现对游戏场景中物体的控制。编辑代码时可直接双击脚本文件，系统默认使用VS Code作为编辑器。若未安装VS Code，可选择使用记事本进行编辑。使用记事本打开TS代码文件后，暂时无须理解代码的具体内容，直接定位至start部分，在此处添加代码：console.log("Hello World")。需特别注意输入时应使用英文输入法，并确保空格使用规范，避免出现多余空格。

```
import { _decorator, Component, Node } from 'cc';
const { ccclass, property } = _decorator;
@ccclass('NewComponent')
export class NewComponent extends Component {
    start() {
        console.log("Hello World")
    }
    update(deltaTime: number) {
    }
}
```

输入完成后，使用快捷键Ctrl+S保存文件，随后返回Cocos Creator编辑器界面。在编辑器中可执行场景运行操作，具体实现路径为：切换至编辑器顶部菜单栏，选择目标运行环境，执行代码。

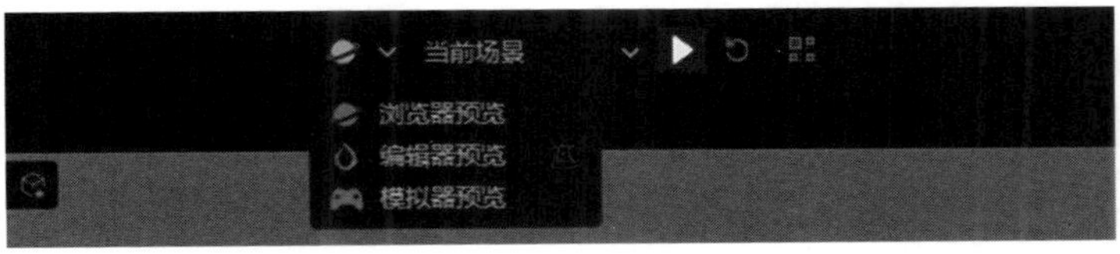

项目启动后若未观察到代码的效果，是因为当前代码仅实现了向控制台输出日志Hello World的功能。在Cocos Creator项目中，可通过按下F12键调出控制台界面，在控制台区域即可查看到Hello World的输出信息，此现象即前述代码执行结果的直观体现。

4.2 编辑器基础

4.2.1 资源管理器

在创建项目时，需首先指定一个存储位置并将其打开。操作后可见，界面下方显示一个文件夹，该文件夹与所创建工程存在对应关系。此文件夹即工程目录，工程相关的所有文件均存储于此。后续开发过程中产生的文件也将存放于该目录内。值得注意的是，该目录中的每个子文件夹均具备特定功能。

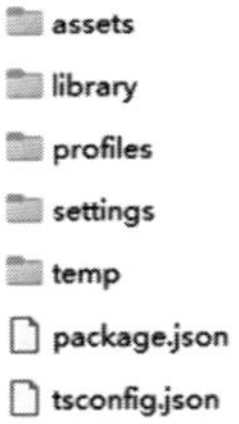

assets目录作为核心资源目录，承担项目中所有资源文件的存储功能。该目录不仅包含开发过程中使用的图片、音频、模型等资源素材，同时也会存放通过导入功能添加的模型资源及代码文件，其重要性不言而喻。

build目录属于构建产物目录，主要用于生成最终可部署的应用程序文件。该目录结构仅供基础了解，在实际开发过程中无须过多关注。

library目录作为资源导入目录，需特别说明的是，所有通过该目录导入的资源文件，其物理存储位置仍是assets目录。library目录可能对导入资源执行特定处理操作，但资源文件的实质存储位置始终是assets目录，这再次印证了assets目录的核心地位。

其他辅助目录如下。

- 日志目录local。
- 编辑器配置目录profiles。
- 编辑器临时文件目录temp。
- 项目全局配置文件package.json。
- TypeScript编译配置文件tsconfig.json。

这些辅助目录仅需基础认知即可，项目开发的核心关注点仍应放在存储全部工程文件的assets目录上。

在assets目录内部，可观察到以下两个典型文件。

- 组件脚本文件NewComponent.ts。
- 场景配置文件scene.scene。

资源管理器窗口的功能设计完全对应assets目录结构，其实质就是可视化展示该目录下所有工程资源的交互界面。

关于internal目录，其定义为“内部”目录。该目录用于存放Cocos Creator引擎内置资源，包含引擎部分核心代码文件。值得注意的是，资源在资源管理器中显示为两个条目时，实际工程目录中会额外生成两个meta文件。

需要特别说明的是，meta文件属于Cocos Creator引擎自动生成的配置文件。引擎会为每个资源创建对应的meta文件，该文件实质上是资源的身份标志文件，记录着资源的全局唯一标识符。这种设计源于Cocos引擎的资源引用机制——当需要相互调用不同的资源时，系统通过该标识符实现精准的资源定位。因此，meta文件本质上是Cocos Creator引擎采用的资源管理方案的重要组成部分。在日常开发过程中，开发者通常无须直接操作这些meta文件。

4.2.2 场景

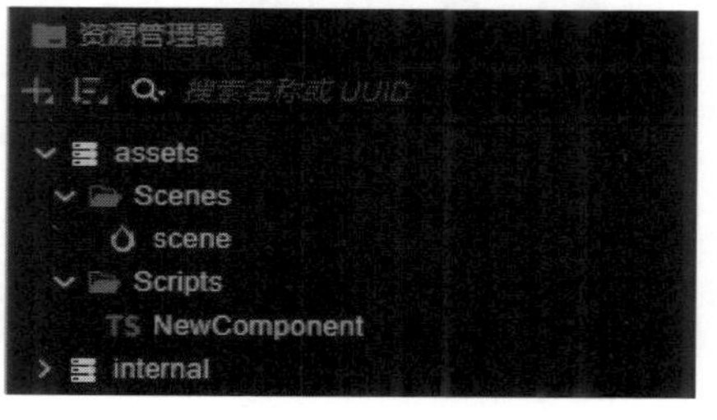

在游戏开发项目中，资源的数量通常较为庞大，且会涉及多种资源类型。为提高管理效率，通常会对这些资源进行系统化分类。当前已建立了两类基础资源：场景资源与脚本资源。关于场景的具体定义，以及脚本的详细使用方法，将在后续学习阶段逐步展开说明。现阶段的主要工作是建立相应的文件目录结构，以实现资源的有效分类管理。

实施分类管理后，资源体系的组织结构将得到显著优化。在Cocos Creator游戏开发框架中，场景作为核心概念具有重要地位。开发者可以创建多个独立场景，每个场景代表一个完整的游戏环境单元。这种多场景的组织方式，与影视制作中的分场景拍摄具有相似性——正如电影由多个场景片段构成，游戏开发同样采用场景化的组织模式。每个场景可以承载不同的游戏内容元素。

游戏项目至少需要包含一个基础场景。开发者可以选择将所有游戏内容集中于单一场景中，也可以采用多场景管理模式进行开发。典型应用场景包括：将游戏关卡设计为独立的场景；将主菜单界面设置为独立场景；为不同的地下城或副本区域分别构建为独立的场景。通过这种组织方式，场景成为游戏内容管理的基础单元。

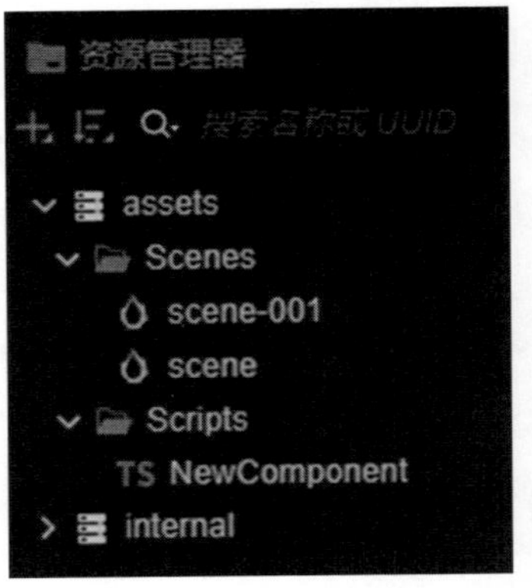

新建场景的操作流程如下：在资源管理器界面中，通过右键快捷菜单选择“新建场景”命令。创建完成后，将场景文件保存至Scenes目录下，并按照scene-001的命名规范为文件命名。

通过双击操作可切换打开不同的场景，界面顶部会实时显示当前激活场景的名称。在场景编辑界面中，主要包含两个核心功能模块。

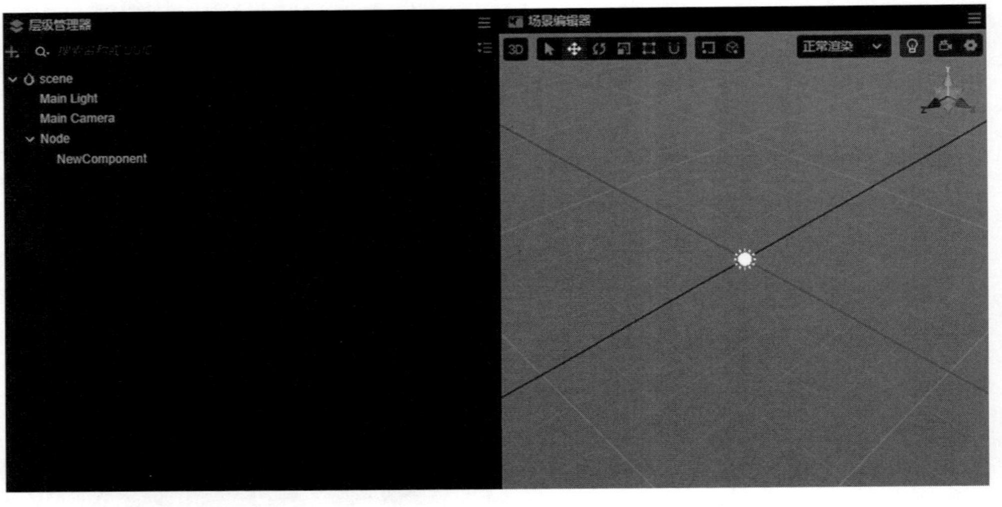

- 场景编辑器：采用可视化界面呈现场景内的所有元素。
- 层级管理器：以树状结构展示场景中的节点层级关系。

以先前创建的scene场景为例，其层级管理器将完整呈现该场景的节点架构。该场景包含3个基础节点。

- Main Light：模拟自然光照效果的光源节点。
- Main Camera：作为游戏画面的取景器，其功能类似于影视拍摄中的摄像机，负责构建玩家视角的视觉呈现。

• Node：基础功能节点，需要通过添加组件或资源实现具体的功能。

Cocos引擎的场景系统由这些可配置的节点构成，开发者可根据需求对节点属性进行调整。新建场景时，系统默认会包含Main Light和Main Camera这两个基础节点。

4.2.3　节点与组件

开发者可通过单击界面顶部的加号按钮或右键快捷菜单创建基础几何体，例如立方体等三维对象。

完成创建后，双击目标对象即可在场景编辑器中实现快速定位。系统提供的基础3D模型包括圆锥体、立方体、圆柱体等多种类型。由于新建模型默认生成于场景中心坐标点，多个模型会呈现空间重叠状态，此时可通过按下Enter键激活拖拽操作，将目标对象移至合适的位置。

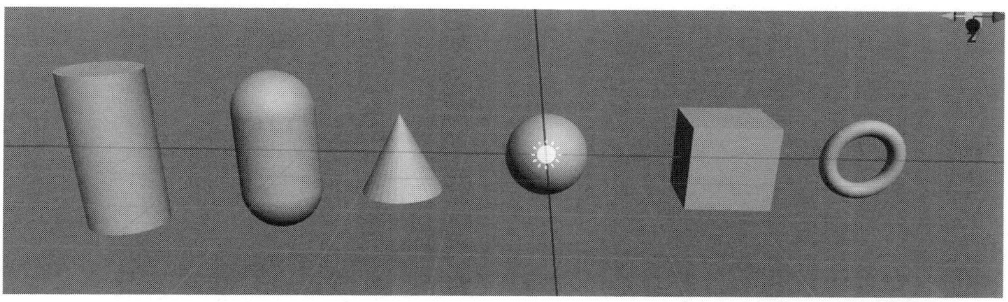

这些基础模型仅能满足初步学习需求。如需创建复杂的模型（如角色、怪物或场景建筑），需借助专业建模软件（如Blender、Maya或3ds Max）完成制作，再导入Cocos引擎使用。这是行业标准的建模流程。对于初学者而言，系统内置的基础几何体已能满足基本练习需求。建议通过创建不同的2D/3D对象，熟悉引擎内置资源库的组成结构。

当选择不同的节点或对象时，属性检查器会动态地显示对应的参数配置。以Main Light节点为例，其包含两个核心组件：基础节点Node和方向光源组件DirectionalLight。通过观察属性检查器的变化，可以深入了解不同组件的功能特性。

当选择Main Camera节点时，其属性检查器会显示两个基础组件：Node组件和Camera组件。而选择Cube节点时，则会呈现Node组件与MeshRenderer组件的组合结构。

在Cocos Creator引擎的架构体系中，这类功能单元被统称为组件。从技术实现角度来看，节点本质上是组件的载体，每个节点可挂载多个不同类型的组件，节点的具体功能均由其所包含的组件组合决定。所有节点都必须包含Node组件，这是节点系统的基础构成要素，该组件不可被移除。通过界面底部的添加组件按钮，开发者可为节点扩展附加功能，例如添加物理效果组件或脚本组件等，从而赋予节点特定的行为特性。这种组件化设计为节点功能的扩展提供了灵活的实现方式。

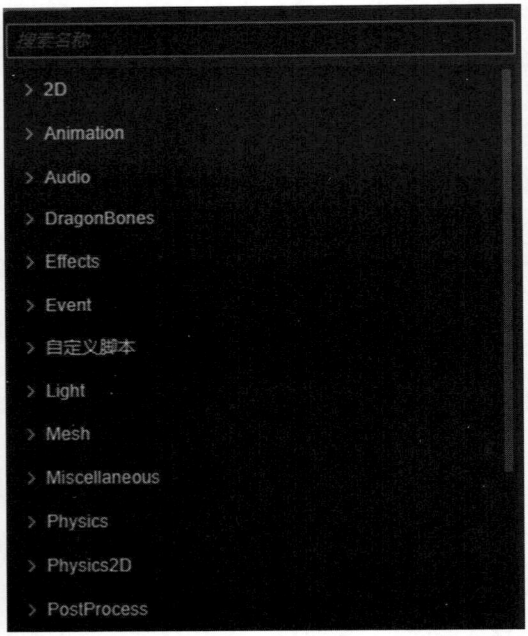

这里对组件做了分类，例如Animation是跟动画相关的组件，Audio是跟声音相关的组件，Effects是跟效果有关的组件，Events是跟事件有关的组件。

4.2.4 视野控制与调整

将模型导入场景后，需对其空间位置进行精确调整。而实现有效调整的前提是掌握场景视野的操控方法，只有能够自由控制观察视角，才能确保调整操作

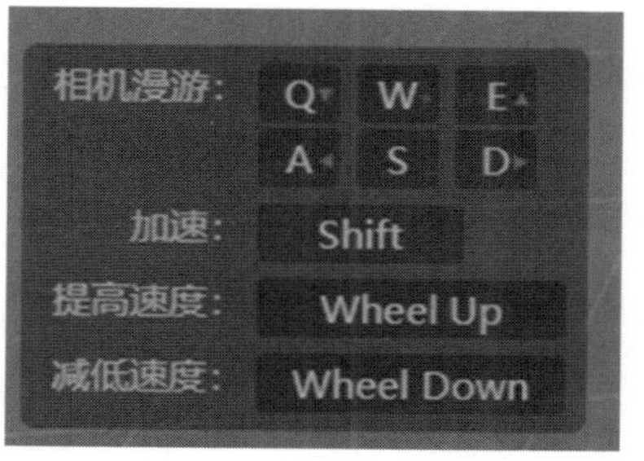

的准确性。视野控制的核心操作始于漫游控制功能的运用。在场景编辑器界面中，操作者需首先按住鼠标右键保持不动，此时系统将显示对应的快捷键指引说明。

其中，E、Q、A、D、W、S按键分别对应视野的上、下、前进、后退、左移和右移功能。对于熟悉第一人称射击类游戏的用户而言，对这套键位布局应当十分熟悉。通过组合使用这些按键，可以实现对场景观察视角的全面控制，为后续的模型位置调整提供便捷的操作基础。

在漫游操作中，按住Shift键可实现移动速度的渐进式提升。此外，通过单击场景编辑器中的滚轮可调节基础移动速度参数。建议适当提高漫游速度数值以提升移动效率，具体参数可根据实际需求调整。

当操作过程中出现视野丢失或目标对象定位困难时，可借助层级管理器进行定位。该管理器以树状结构展示所有节点名称，通过双击特定节点（如Capsule）或选中节点后按F键，即可聚焦目标。聚焦操作是场景编辑的基础功能，其作用在于将观察视角锁定至指定对象。

聚焦完成后，可通过Alt+鼠标左键实现视角环绕操作。该操作以焦点为中心进行视角旋转，同时支持视野的远近调节。这种操作方式允许从多角度观察目标对象，便于进行精确的位置调整。

关于层级管理器的命名，其核心在于支持节点层级关系的构建。通过将一个节点拖放至另一个节点下方，可建立父子节点关系，形成树状层级结构。这种层级关系具有继承特性：当对父节点执行位移或旋转操作时，其所有子节点将同步执行相同的变换。该机制在游戏场景的批量管理和复杂结构的控制中具有重要应用价值。

4.2.5　节点的位移旋转与缩放

在场景编辑过程中，节点的空间参数调整是常规操作，主要包括位置坐标修改、旋转角度设定，以及缩放比例控制这3个维度的变换。

移动工具：这是默认的工具，用于调整节点的位置，快捷键是W。

旋转工具：用于调整节点的旋转角度，快捷键是E。

缩放工具：用于调整节点的缩放比例，快捷键是R。

在工具栏区域，操作者可在不同的编辑工具间进行切换。需特别注意避免误操作导致的3D模式与2D模式切换，此类模式切换可能导致部分功能受限。当出现节点无法移动的情况时，应首先确认当前所处的编辑模式是否正确。

在移动工具处于激活状态时，界面将显示3个轴向指示器（*X*/*Y*/*Z*轴）。这3个轴向分别对应场景坐标系中的不同维度。

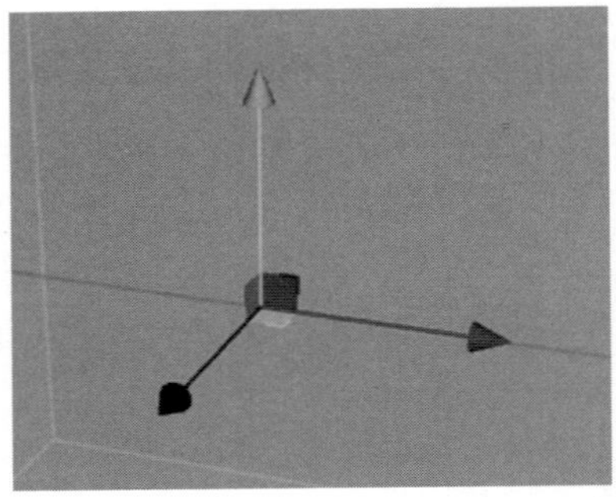

- *X*轴：红色标志。
- *Y*轴：绿色标志。
- *Z*轴：蓝色标志。

通过操作这些轴向指示器，可精确控制节点在三维空间中的位移。各轴向的颜色标识遵循国际通用的坐标系配色标准，便于操作者快速识别和定位。

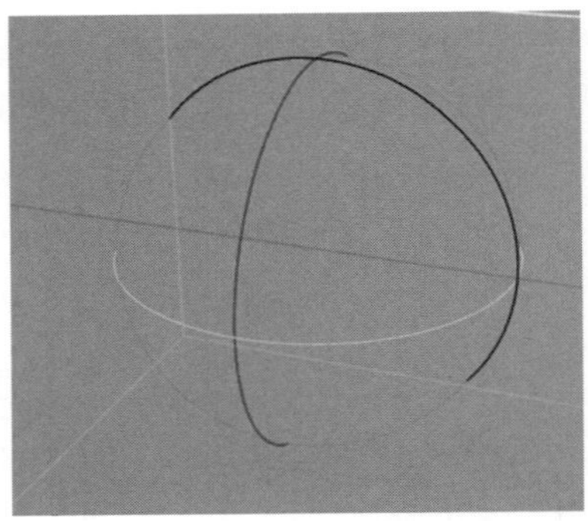

在三维坐标系中，任意两个轴向之间均存在一个对应的运动平面。例如，*X*轴与*Z*轴共同构成*XZ*平面。通过单击该平面，可实现节点在该平面内的二维移动；而单击单一轴向时，则控制节点沿该轴向进行一维移动。这种操作方式提供了对节点空间位置的多维度精确控制。

按下E键可激活旋转工具。该工具提供绕*X*/*Y*/*Z*三轴的旋转操作能力，各轴向旋转均围绕其自身轴线执行。

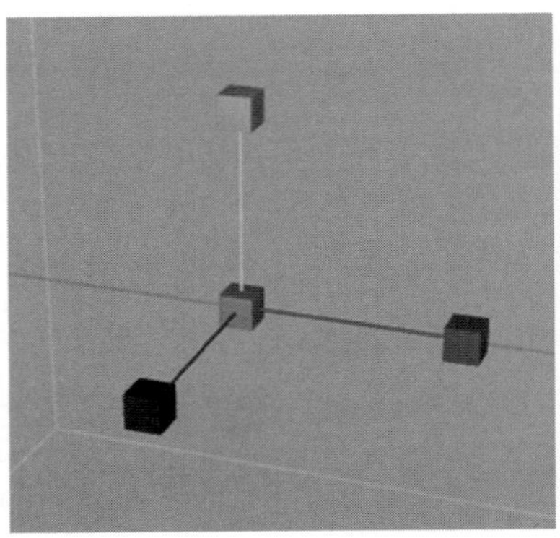

按下R键可激活缩放工具。该工具支持节点在特定方向上的尺寸调整操作，通过单击界面中央的灰色控制球体，可实现沿*X*/*Y*/*Z*三轴的等比缩放。

当节点处于选中状态时，其属性参数将在属性检查器中显示，主要包括以下核心属性。

- Position（位置）：节点在场景坐标系中

的空间坐标

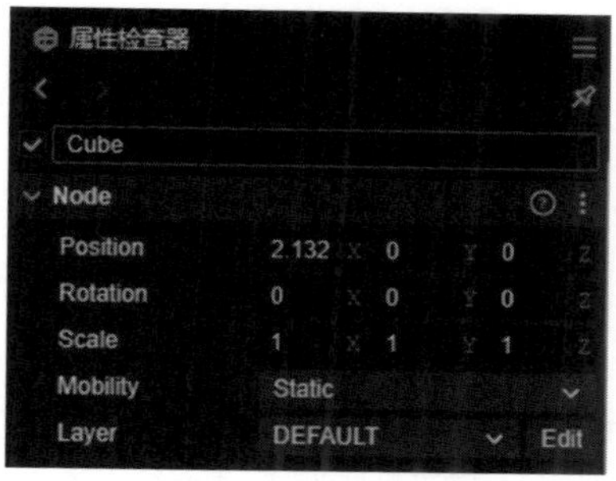

• Rotation（旋转）：节点绕各轴向的旋转角度值。

• Scale（缩放）：节点沿各轴向的尺寸比例参数。

如需将节点属性恢复至初始状态，可通过鼠标右键单击界面右上角的控制图标，一键将Position（位置）、Rotation（旋转）、Scale（缩放）3个参数同步重置为系统默认值。

也可通过属性检查器直接修改节点参数值。

• Position（位置）：计量单位为米。

• Rotation（旋转）：计量单位为度，支持正负数值输入，负值表示反向旋转。

• Scale（缩放）：表征节点沿*X*/*Y*/*Z*三轴的尺寸比例参数。

这些参数在实际开发中具有重要的应用价值。例如，在调整场景中的人物模型时，可通过与默认立方体（基准尺寸1立方米）进行视觉比对，将角色高度校准至1.5～2米的合理比例范围。

结合移动/旋转/缩放工具（快捷键：W/E/R）及属性检查器中的Position/Rotation/Scale参数，可实现节点空间属性的双重精准调控。

4.2.6　世界坐标系与本地坐标系

在Cocos Creator开发环境中，坐标系系统是节点定位的基础框架，主要包含两种类型：世界坐标系（World Space）与局部坐标系（Local Space，亦称本地空间）。这两种坐标系具有以下特性。

世界坐标系作为全局参照系，用于定义场景中所有节点的绝对空间位置；而局部坐标系则是相对坐标系，其坐标原点始终依附于父节点，专门用于描述子节点相对于父节点的相对位置关系。

以三维坐标系为例，设点*A*的坐标为（2,1,1），点*B*的坐标为（3,2,2）。

当以点A为原点建立局部坐标系时，点B在该坐标系下的坐标值将转换为（1,1,1）。这种坐标转换仅改变参照系，并不影响节点的实际空间位置。世界坐标系保持静态，而局部坐标系会随父节点的位置动态变化。

在Cocos Creator层级结构中，根节点直接处于世界坐标系下。每个节点均包含两个位置属性。

- 世界位置：节点在全局坐标系中的绝对坐标。
- 局部位置：节点相对于父节点的相对坐标。

当节点Cube-01作为节点Cube的子节点时，其局部坐标以Cube为计算原点。父节点的移动、旋转或缩放操作会直接影响子节点的空间表现，但子节点自身的局部属性参数保持不变。这种父子级联关系使得局部坐标系成为处理相对运动时的理想选择，而世界坐标系更适合需要绝对定位的场景。通过编辑器工具栏可便捷实现两种坐标系模式的切换。

当节点处于场景根层级时，其世界坐标系与局部坐标系完全重合，此时节点的局部坐标值与世界坐标值呈现完全一致的特性。然而，当该节点发生旋转操作时，其局部坐标轴的指向将不再与世界坐标轴保持平行，二者之间会产生空间方向上的差异。

4.3 基本组件介绍

在Cocos Creator中，经常使用一些节点和组件来构建和管理场景。接下来介绍一些常用节点和组件。

4.3.1 空节点（Node）

空节点是场景中的基本元素，用于存储物体的基本属性。

- 位置（Position）：节点在场景中的坐标位置。
- 旋转（Rotation）：节点的旋转角度。
- 缩放（Scale）：节点的缩放比例。

节点可以作为其他节点的父节点，形成层级关系，从而实现对子节点的统一控制。

4.3.2 MeshRenderer

主要用于渲染模型的外观，通常用于显示通过建模软件创建的3D模型。

4.3.3 DirectionalLight（直射光）

模拟太阳光等直射光源，可以调整光源的颜色、强度等属性，适用于模拟平行光效果。

4.3.4 Camera（相机）

控制场景的渲染视角。相机有一个视野范围（视锥体），只有在视锥体内的物体才能被渲染。用户可以调整相机的视野范围、清晰度等设置。在运行游戏时，玩家看到的内容与相机预览的内容一致。

4.3.5 Sprite组件

精灵组件（Sprite）是2D游戏中常用的渲染组件，用于显示图像。它提供了丰富的渲染选项，如图像的填充、裁剪、调整透明度等。通过配置精灵组件，可以在游戏场景中轻松加载、渲染、切割和动态更新图像。

精灵组件的主要功能是显示图像，支持多种操作。

• 裁剪透明像素：在加载图片时，精灵组件会自动裁剪掉图片周围的透明像素，以优化显示效果。

• 调整透明度：通过修改透明度（Alpha）值，可以实现图像的淡入、淡出等效果。

• 尺寸调整：精灵组件支持多种尺寸模式，如原始尺寸、裁剪尺寸和自定义尺寸，以满足不同的显示需求。

在Cocos Creator中，精灵组件默认使用Trimmed模式。这种模式会裁剪掉图片周围的透明像素，使图片在游戏场景中的显示比例与原始图片一致。如果使用Raw模式，图片可能会因为分辨率差异而出现变形。

精灵组件的使用主要有两种方式：直接拖拽图片资源和通过代码动态加载图片。

直接拖拽图片资源

将图片直接拖到精灵组件的Sprite Frame属性中是最简单的方式。Cocos Creator引擎会自动加载图片并显示在场景中。这种方式适用于静态图像的快速加载。

通过代码动态加载图片

如果需要在运行时动态加载图片，可以通过代码实现。以下是示例代码。

```
import { _decorator, Component, Node, resources, Sprite, SpriteFrame } from
'cc';
const { ccclass, property } = _decorator;

@ccclass('NewComponent')
export class NewComponent extends Component {
    start() {
        resources.load("goblin/spriteFrame", SpriteFrame, (err, spriteFrame) =>
{
            if (!err) {
                let sprite = this.node.getComponent(Sprite);
                sprite.spriteFrame = spriteFrame;
            }
        });
    }
}
```

该代码中采用的resources.load方法专用于图片资源加载流程。需特别注意，必须将所有待加载资源预先存放于assets/resources目录中，否则将加载失败。在资源路径配置环节，当前代码明确指定了spriteFrame类型。根据Cocos Creator引擎的规范要求，资源路径字符串的结尾处禁止直接包含文件扩展名。

Cocos Creator引擎具备智能资源识别能力，同一文件可被解析为多种资源类型。以.png格式为例，系统会同时生成spriteFrame（精灵帧）和texture（纹理）两种资源实例。在2D游戏开发实践中，spriteFrame作为主要渲染载体被广泛采用，而texture资源则相对较少使用。

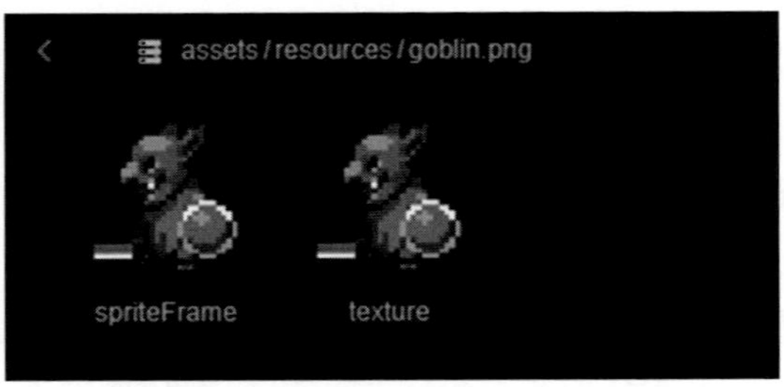

如果在同一个路径下存在多个同名但不同类型的资源，需要明确声明要加载的资源类型。具体操作是在路径中添加一个斜杠（/），然后指定资源的类型。

例如，如果需要加载spriteFrame类型的资源，路径应该写为goblin/spriteFrame。

精灵组件提供了多种渲染模式，以满足不同的需求。

SIMPLE模式：直接显示整张图片，图片的大小由节点的尺寸决定。

SLICED模式：九宫格模式，适用于平铺和动态缩放，常用于对话框或按钮背景。

TILED模式：平铺模式，会将图片重复填充到节点区域，适用于背景平铺。

FILLED模式：填充模式，可以实现环形或条形的加载效果，例如用于血条的显示。

精灵组件是Cocos Creator 2D游戏开发中非常重要的组件。开发者通过掌握它的基本概念、使用方法和渲染模式，可以更高效地进行游戏开发。

4.4　生命周期函数

在Cocos Creator 3.8.6中，脚本生命周期是指在脚本组件的生命周期内，Cocos Creator引擎会在不同的时间点自动调用一些事件函数。这些生命周期方法使开发者能够在合适的时机处理初始化、更新、销毁等逻辑，从而有效控制游戏对象的行为和状态。Cocos Creator的脚本生命周期大致可以分为3个阶段：初始化阶段、更新阶段和销毁阶段。

4.4.1　初始化阶段

onLoad

当节点及其所有组件被加载时调用。此时，节点的所有组件都已附加到节点上，但节点尚未进入场景。

用于进行初始化操作，如设置节点的初始状态、获取组件、进行资源预加载等。因为此时节点还未进入场景，所以可以进行一些不影响场景渲染的初始化操作。

在onLoad中不能直接使用this.node作为父节点，因为此时节点可能尚未加载完成。onLoad执行过后，节点才会在场景中渲染出来。onLoad总是在start方法调用之前执行，可用于安排脚本的初始化。

onEnable

当组件的enable属性从false变为true时，或者所在节点的active属性从false变为true时调用。如果节点第一次被创建且enable为true，则会在onLoad之后、start之前被调用。

用于在组件或节点被启用时执行一些初始化操作，例如恢复动画、重新添加事件监听等。

onEnable可能会被多次调用，只要组件或节点被启用就会触发。

start

当节点的所有组件依赖的资源都已加载完毕且节点进入场景时调用，通常在onLoad之后被调用。

用于执行场景中节点的一些初始操作，如设置初始位置、开始动画、进行依赖资源的初始化等。此时可以确保节点的父节点或子节点都已经准备好，可以进行更多依赖场景、父节点等的操作。

onLoad是在场景节点创建后立刻调用的，但此时节点还未加入场景。start是在场景建立之后才调用的，此时节点已经进入场景。

4.4.2 更新阶段

update

每一帧都会被调用一次，参数deltaTime表示上一帧与当前帧的时间差。

用于实现与时间相关的更新逻辑，如角色运动、动画更新、物理模拟等。如果需要更新的逻辑不依赖于每一帧，可以考虑使用schedule安排定时任务。

lateUpdate

在每一帧更新之后、渲染之前调用，即在update执行完之后调用。

适用于在update之后进行一些操作，如相机的平滑追踪，处理依赖动画、粒子、物理等更新后的额外操作。如果希望在所有组件的update都执行完之后再进行其他操作，也可以使用lateUpdate。

4.4.3　销毁阶段

onDisable

当节点被禁用或移除时调用，包括从场景中移除节点或脚本组件被禁用的情况。

用于暂停或清理脚本的操作，如停止动画、暂停定时器、移除事件监听等。但需要注意的是，onDisable无法保证节点是否被完全移除，因为它可能只是被禁用而未被移除。

onDisable可能会被多次调用，只要组件或节点被禁用就会触发。

onEnable

当节点或组件被启用时调用，即从禁用状态恢复时调用。

用于添加节点或组件重新启用时的初始化操作，如恢复暂停的动画、重新添加事件监听等。与onLoad和start不同，onEnable在游戏开始时会被调用一次，后续也可以再次调用。

onDestroy

当节点被销毁或脚本组件被移除时调用。

用于销毁节点或组件时的清理工作，如清理定时器、取消监听事件等。需要注意的是，onDestroy会在节点从场景中被移除时调用，但如果节点还存在于场景中，调用destroy后节点可能已被销毁，无法再进行任何操作。

在onDestroy中不要再对节点进行操作，因为此时节点可能已经被销毁。确保在onDestroy中清理所有资源，避免内存泄漏。

4.5　预制体

Prefab是预制体的英文术语，属于可复用资源类型，主要用于游戏对象的实例化与管理。该机制允许开发者将特定节点及其关联组件、属性配置保存为模板化资源，其核心功能类似于建筑领域的蓝图系统。通过预制体模板，开发者能够快速生成完全一致的节点实例，显著提升开发效率。

以游戏开发中的哥布林野怪为例，虽然这些怪物在场景中的空间位置各异，但其基础架构与功能逻辑高度相似。若采用传统方式，需要为每个哥布林单独创建节点并精确计算坐标，这将导致开发流程异常烦琐。常规做法是将哥布林节点置于统一父节点下进行集中控制，但当需要创建多种不同组合时，重复性的手动操作会严重降低工作效率。预制体技术通过将标准哥布林节点保存为可复用的模板资源，使开发者能够避免重复劳动，实现高效批量实例化。

Prefab包含以下内容。

• 节点的层级结构：包括父节点和子节点的关系。

• 节点的属性：例如位置、旋转、缩放等，这些属性会被保存在预制体中。

• 组件和组件的属性：例如碰撞器、动画等，只要节点挂载了这些组件，它们的属性也会被一起保存。

• 绑定的回调函数：如果在代码中为节点绑定了某些回调函数，这些也会被包含在预制体中。

预制体（Prefab）作为可复用的资源模板，支持通过脚本或场景编辑器进行批量实例化。每个实例均保持完全的独立性，彼此间不存在关联，其对应的代码逻辑也相互隔离。

预制体的创建流程极为简单：首先在场景中构建目标节点，完成属性配置与组件的添加后，将该节点拖至资源管理器的指定目录（或直接拖入资源管理器界面），系统将自动生成预制体文件。通常情况下，开发者会预先建立名为prefabs的专用文件夹，用于集中管理预制体资源。双击预制体文件，即可进入独立编辑模式，在此界面可对预制体进行属性调整。需特别注意的是，所有修改操作完成后，必须单击界面左上角的“PREFAB保存”按钮以确认更改，否则所做的修改将不会被系统记录。

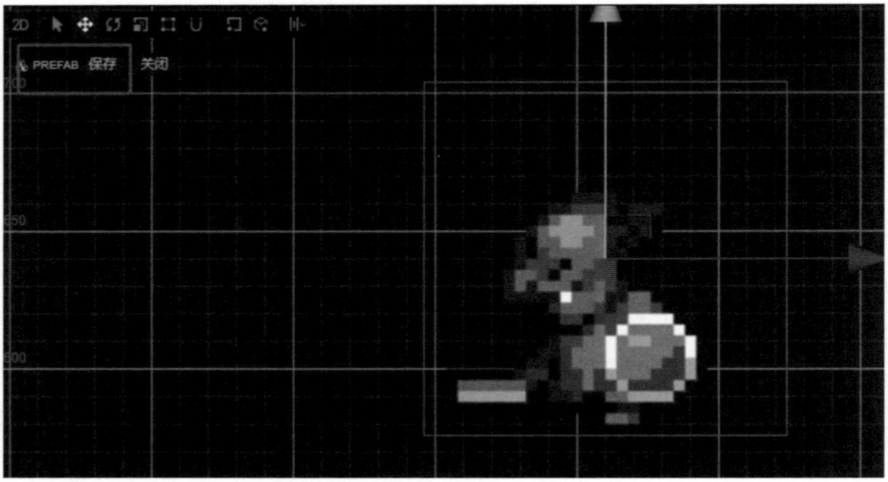

预制体（Prefab）的复用机制具有显著优势。以游戏开发中的子弹元素为例，通过将子弹节点及其挂载的脚本（包含飞行速度控制、位移计算及碰撞检测等逻辑）保存为预制体模板，开发者可在游戏运行期间动态生成实例，无须在场景编辑器中手动重复布置。

在场景中操作预制体时需注意以下关键事项。

• 关联状态标识：绑定的实例会以淡绿色高亮显示，解绑后则恢复为默认的白色。开发者可通过移除当前关联或移除所有关联（适用于嵌套预制体）来解除绑定关系。

• 资源定位功能：单击定位资源可快速在资源管理器中定位预制体文件，便于大规模项目的管理。

• 版本控制操作：从资源还原可将实例恢复至母体状态；更新资源则会将对实例的修改反向同步至母体，此操作将影响所有绑定实例，需谨慎执行。

开发者可通过resources.load或assetManager.loadAny加载预制体资源，随后调用instantiate方法生成实例。需要特别注意，实例化后必须将其添加至父节点层级，否则虽然不可见但仍会占用内存资源，导致性能浪费。以下为典型实现代码片段。

```
import { _decorator, Component, instantiate, Node, Prefab } from 'cc';
const { ccclass, property } = _decorator;

@ccclass('PrefabScript')
export class PrefabScript extends Component {
    @property({type: Prefab})
    goblinPrefab: Prefab = null;

    start() {
        if(this.goblinPrefab){
            let newNode = instantiate(this.goblinPrefab);
            this.node.addChild(newNode);
            newNode.setPosition(200, 100);
        }else{
            console.log('请设置预制体');
        }
    }

    update(deltaTime: number) {
        // 更新逻辑
    }
}
```

在场景中新建一个空节点，将这个脚本挂载到空节点上，然后把预制体拖到脚本的属性框中。

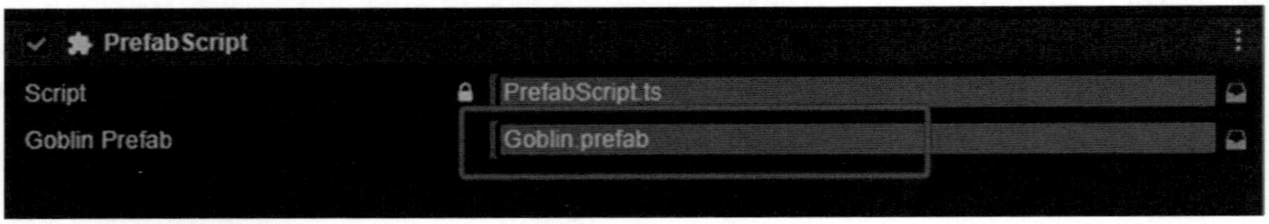

预制体挂载流程

在场景编辑器中创建空节点后，将目标脚本组件挂载至该节点。随后将预制体资源拖至脚本属性框的指定位置，完成预制体与脚本的绑定配置。

脚本装饰器功能说明

@ccclass装饰器：用于将脚本类注册为可编辑组件，使其显示在属性检查器的组件列表中

@property装饰器：公开脚本属性至编辑器界面，支持直接可视化修改，避免频繁修改脚本代码。该机制显著提升了开发效率，特别是当预制体通过@property绑定至脚本时，可完全避免手动路径加载的烦琐操作。

预制体的优点如下。

• 减少重复工作：通过预制体可以轻松复用节点的结构和功能，包括组件和脚本。

• 动态生成对象：在游戏运行时可以动态生成对象，如子弹、敌人等。

• 易于维护：修改预制体文件后，所有使用该预制体的实例都会自动更新，避免了手动逐个修改。

• 性能优化：在初始化场景时，通过加载和实例化预制体，可以提高场景加载的灵活性和性能。

预制体的常见使用场景如下。

• 游戏中的重复元素，如敌人、子弹、道具等。

• 场景中的组合元素，如海草组合、建筑群等。

• 动态生成的对象，如特效、粒子系统等。

在使用预制体时，还需要注意以下几点。

• 避免直接修改实例化后的预制体：尽量在原始预制体模板上修改内容，以保证统一性。如果必须修改实例，记得尽量谨慎单击更新到母体按钮，否则可能会出现错误。

• 避免频繁加载预制体：动态加载预制体可能会带来性能开销。建议将常用的预制体缓存到内存中，或者使用对象池来管理实例，避免重复创建。

• 释放未使用的资源：在不需要预制体时，可以通过代码手动释放资源，避免内存泄漏，使用resources.release(); 来释放内存。

4.6　场景管理

场景是游戏开发中的核心功能单元，每个场景可视为独立的逻辑空间。不同场景之间通常保持完全隔离状态，其包含的游戏节点与场景配置均相互独立，需作为独立的逻辑实体进行管理。

从技术层面看，场景本质上是游戏状态的完整封装体，主要体现为两种形态：一是代表游戏进程的关卡阶段（如第一关、第二关等），二是呈现特定功能的界面视图（如主菜单、设置界面等）。常规游戏流程会先加载主菜单场景，该场景通常包含开始游戏、选项设置等功能入口，而部分FPS游戏可能直接进入教学关卡，跳过主菜单界面。

在Cocos Creator引擎中，场景由节点树构成，每个节点可挂载组件、资源及事件逻辑。值得注意的是，场景节点在层级管理器中具有最高优先级，作为所有节点的根容器存在。Cocos Creator引擎将每个场景保存为独立的.scene文件，存储在项目资源目录中。场景管理主要涵盖4个核心功能：场景加载、场景切换、场景预加载及当前场景访问。

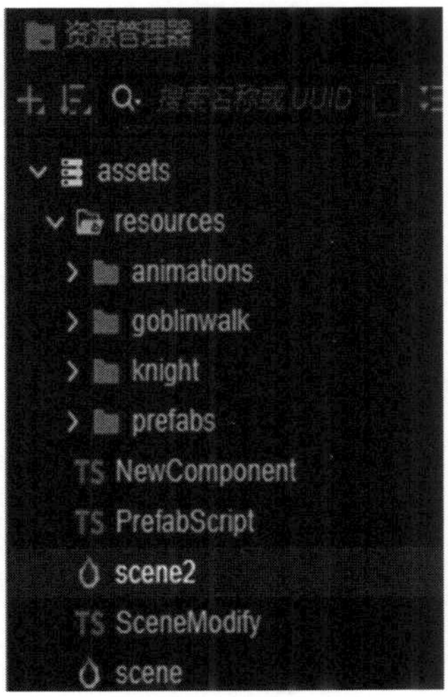

这些功能通过director模块提供的API实现，其中director.loadScene方法用于加载新场景，其本质是进行场景切换操作。该方法至少需要两个场景文件才能体现切换效果，但也可用于重置当前场景。

在资源管理器中，单击鼠标右键，创建场景文件并命名为scene2后，可通过以下代码实现场景加载。

```
director.loadScene('scene2', (error) => {
    if (error) {
        console.log('load scene2 error');
    } else {
        console.log('load scene2 success');
```

```
    }
});
```

场景有时可能比较大，需要在后台静默加载新场景。加载完成后，再用loadScene手动切换。预加载preloadScene可以用于减少场景切换时的加载时间，防止玩家等待太久而失去耐心。

对于大型场景资源，建议采用preloadScene进行后台预加载。该操作仅将场景资源加载至内存，不会触发场景切换。在实际切换时，仍需调用loadScene方法完成过渡。此机制可显著降低玩家等待时间。

当前场景获取方法

通过director.getScene可获取当前运行的场景对象，适用于需要动态访问场景信息的场景。

常见切换模式分类

（1）线性关卡模式

采用顺序推进机制，通过关卡配置文件（如level1→level2）实现场景切换，通常由关卡管理器统一控制。

（2）主菜单—游戏场景模式

主菜单与游戏场景之间直接切换，不遵循线性顺序，通过显式调用目标场景实现功能跳转。

（3）加载界面过渡模式

创建轻量级加载界面（仅含背景与进度条），在界面中预加载目标场景，完成后直接切换，以提升用户体验。

场景切换技术有以下优势。

• 模块化开发：支持独立开发与调试。
• 内存优化：自动释放闲置资源。
• 调试便捷性：在编辑器内可直接打开特定场景。

数据持久化解决方案如下。

• 全局变量存储：使用独立的数据管理类（非组件继承）或单例模式实现跨场景数据共享。

• 常驻节点保留：通过addPersistRootNode将目标节点标记为常驻节点（需位于场景根层级），配合removePersistRootNode进行管理，适用于单例模式数据传递场景。

4.7 脚本开发

4.7.1 键盘事件

键盘事件是游戏中最常见的交互方式之一。在Cocos Creator中，可以通过监听KEY_DOWN、KEY_U和KEY_PRESSING事件来捕捉键盘的按下、松开和持续按下的操作。其中，KEY_DOWN和KEY_UP是最常用的事件类型。KEY_PRESSING事件则会在键盘按键持续按下时每一帧触发，使用频率较低。

以下是一个简单的键盘事件监听代码示例。

```
// 用于初始化键盘输入事件监听
start() {
    // 监听键盘按下事件
    input.on(Input.EventType.KEY_DOWN, (event: EventKeyboard) => {
        // 判断是否按下了空格键
        if (event.keyCode == KeyCode.SPACE) {
            console.log('空格键被按下'); // 输出日志信息
        }
    }, this);

    // 监听键盘松开事件，调用onKeyUp方法处理
    input.on(Input.EventType.KEY_UP, this.onKeyUp, this);
}

// onKeyUp方法用于处理键盘松开事件
onKeyUp(event: EventKeyboard) {
    // 根据按键类型执行不同的操作
    switch (event.keyCode) {
        case KeyCode.SPACE:
            console.log('空格键被松开'); // 输出空格键松开的日志
            break;
        case KeyCode.KEY_A:
            console.log('a键被松开'); // 输出键松开的日志
            break;
    }
}
```

4.7.2 鼠标事件

鼠标事件主要用于处理鼠标单击、移动和滚轮操作。Cocos Creator提供了以下几种鼠标事件类型。

- Input.EventType.MOUSE_DOWN：鼠标按下事件。
- Input.EventType.MOUSE_UP：鼠标抬起事件。
- Input.EventType.MOUSE_MOVE：鼠标移动事件。

- Input.EventType.MOUSE_WHEEL：鼠标滚轮事件。

以下是一个鼠标事件监听的代码示例。

```
// 监听鼠标按下事件
input.on(Input.EventType.MOUSE_DOWN, (event: EventMouse) => {
    // 根据鼠标按键类型执行对应操作
    switch (event.getButton()) {
        case EventMouse.BUTTON_LEFT:
            console.log('左键被按下'); // 输出左键按下的日志
            break;
        case EventMouse.BUTTON_RIGHT:
            console.log('右键被按下'); // 输出右键按下的日志
            break;
    }
}, this);

// 监听鼠标抬起事件
input.on(Input.EventType.MOUSE_UP, (event: EventMouse) => {
    // 根据鼠标按键类型执行对应操作
    switch (event.getButton()) {
        case EventMouse.BUTTON_LEFT:
            console.log('左键被抬起'); // 输出左键抬起的日志
            break;
        case EventMouse.BUTTON_RIGHT:
            console.log('右键被抬起'); // 输出右键抬起的日志
            break;
    }
}, this);

// 监听鼠标移动事件
input.on(Input.EventType.MOUSE_MOVE, (event: EventMouse) => {
    // 输出鼠标当前的位置坐标
      console.log(`鼠标移动到: (${event.getLocationX()}, ${event.
getLocationY()})`);
});

// 监听鼠标滚轮事件
input.on(Input.EventType.MOUSE_WHEEL, (event: EventMouse) => {
    // 输出鼠标滚轮的滚动量
    console.log(`鼠标滚轮滚动，滚动量: ${event.getScrollY()}`);
});
```

4.7.3 触摸事件

触摸事件主要用于处理移动设备上的触摸交互操作。其核心事件类型与鼠标事件类似，主要包括以下4种。

- Input.EventType.TOUCH_START：触摸开始事件。
- Input.EventType.TOUCH_MOVE：触摸移动事件。
- Input.EventType.TOUCH_END：触摸结束事件。

- Input.EventType.TOUCH_CANCEL：触摸取消事件（当手指移出目标节点区域时触发，实际应用中使用频率较低）。

以下为触摸事件监听的代码示例。

```
// 监听触摸开始事件
input.on(Input.EventType.TOUCH_START, (event: EventTouch) => {
    // 输出触摸开始时的位置
      console.log(`触摸开始，位置: (${event.getLocation().x}, ${event.
getLocation().y})`);
});

// 监听触摸移动事件
input.on(Input.EventType.TOUCH_MOVE, (event: EventTouch) => {
    // 输出触摸移动到的新位置
     console.log(`触摸移动到: (${event.getLocation().x}, ${event.getLocation().
y})`);
});

// 监听触摸结束事件
input.on(Input.EventType.TOUCH_END, (event: EventTouch) => {
    // 输出触摸结束的日志
    console.log(`触摸结束`);
});
```

移动设备不支持鼠标事件，因此在手游开发中需重点处理触摸交互逻辑。

在Cocos Creator引擎中，事件监听通过input.on方法进行注册。注意，未及时注销的监听器会导致内存占用问题。建议在组件的onDestroy生命周期中统一调用input.off方法释放资源。

除全局input模块外，Cocos的Node节点也内置了事件监听接口。其特性在于：仅当交互（触摸/鼠标）位于节点可视区域时才会触发响应。此外，引擎预置了节点相关的系统事件机制，开发者可直接调用而无须重复编写监听逻辑。

4.7.4　自定义事件

自定义事件的实现主要包含3个核心要素。

- 事件触发机制：用于主动发起特定事件。
- 事件监听机制：用于捕获并响应触发的事件。
- 事件数据传递：支持携带自定义数据供监听方使用。

Cocos Creator引擎通过EventTargetAPI实现自定义事件管理。该接口为通用型事件调度器，可应用于任意对象的事件管理，属于引擎提供的标准类。以下是具体实现代码示例。

```
// 创建一个事件对象，用于管理自定义事件的触发和监听
const eventTarget = new EventTarget();

// 监听（注册）自定义事件
// 当custom-event事件被触发时，执行回调函数
eventTarget.on('custom-event', (data) => {
    // 输出事件触发时传递的数据
    console.log('自定义事件被触发，数据为：', data);
});

// 使用this.schedule定期发送自定义事件
// 每隔1秒触发一次custom-event事件，并传递数据
this.schedule(() => {
    // 触发custom-event事件，并传递一个对象作为数据
    eventTarget.emit('custom-event', { 信息: 'Hello, Cocos!' });
}, 1);
```

以上为自定义事件的核心实现代码。可能有人会质疑：该功能似乎存在局限性，仅能在同一脚本内触发。若应用于UI或角色状态监听等需要跨脚本通信的场景，单一脚本的实现方式显然无法满足需求。

实际上，该功能完全支持跨脚本调用。实现方式是通过创建全局事件管理类，采用TypeScript的export语法进行导出。

```
export const eventTarget = new EventTarget();
```

在其他脚本中，通过import语句引入该对象。

```
import { eventTarget } from '文件地址';
```

这种设计模式特别适用于UI事件响应、角色生命值变化等需要多模块协同的场景。

4.7.5　事件的冒泡机制

事件冒泡机制是指事件从触发节点逐级向上传播至父级节点的过程。为直观地演示该机制，现构建包含3个层级的节点结构：A为根节点，B作为A的子节点，C作为B的子节点，形成树状父子关系。

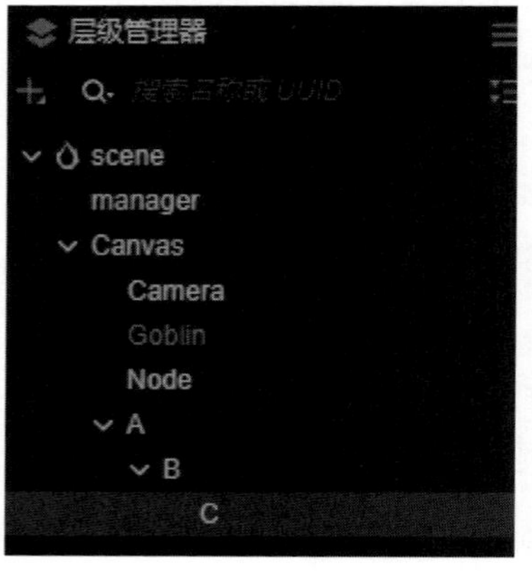

实现时需为各节点编写独立的脚本：底层的C节点作为事件触发源，在其脚本中需定义自定义事件类MyEvent。事件传播遵循自下而上的原则，即从C节点开始，依次经B节点传递至A节点。

```
import { _decorator, Component, Node, Event } from 'cc';
const { ccclass, property } = _decorator;

@ccclass('C')
export class C extends Component {
    start() {
        // 在节点 C 的组件脚本中，触发自定义事件
            this.node.dispatchEvent(new MyEvent('bubbleEvent', true, 'detail
info'));
    }

    update(deltaTime: number) {
        // 更新逻辑（此处为空）
    }
}

// 定义自定义事件类 MyEvent
export class MyEvent extends Event {
    constructor(name: string, bubbles?: boolean, detail?: any) {
        super(name, bubbles);
        this.detail = detail;
    }
    public detail: any = null;  // 自定义的属性，用于携带额外信息
}
```

B节点是C节点的父节点。在B节点的脚本中，需要注册事件监听器，并引入C节点中定义的MyEvent类。

```
import { _decorator, Component, Node } from 'cc';
import { MyEvent } from './C';  // 引入自定义事件类
const { ccclass, property } = _decorator;
@ccclass('B')
export class B extends Component {
    start() {
        // 在节点 B 的组件脚本中，注册事件监听器
        this.node.on('bubbleEvent', (event: MyEvent) => {
            console.log(event.detail + " B冒泡成功");
        });
    }
    update(deltaTime: number) {
        // 更新逻辑（此处为空）
    }
}
```

A节点是B节点的父节点。同样地，在A节点的脚本中注册事件监听器，并引入MyEvent类。

```
import { _decorator, Component, Node } from 'cc';
import { MyEvent } from './C';  // 引入自定义事件类
const { ccclass, property } = _decorator;

@ccclass('A')
export class A extends Component {
```

```
    start() {
        // 在节点 A 的组件脚本中，注册事件监听器
        this.node.on('bubbleEvent', (event: MyEvent) => {
            console.log(event.detail + " A冒泡成功");
        });
    }

    update(deltaTime: number) {
        // 更新逻辑（此处为空）
    }
}
```

根据上述代码，当C节点触发自定义事件bubbleEvent时，该事件将遵循树结构自下而上进行传播，依次被B节点和A节点捕获。各节点均会执行其预设的事件处理逻辑，并在控制台输出相应的调试信息。

但在特定应用场景中，可能需要中断事件的冒泡过程。例如，当B节点捕获事件后，若需阻止事件继续向父级A节点传播，可在B节点的事件处理函数中设置event.propagationStopped属性值为true，以此终止事件的向上传播机制。

针对该需求，B节点脚本的修改方案如下：

```
this.node.on('bubbleEvent', (event: MyEvent) => {
    console.log(event.detail + " B冒泡成功");
    event.propagationStopped = true;  // 截断事件传播
});
```

当B节点捕获事件后，设置event.propagationStopped = true，这样事件就不会继续向上冒泡到A节点了。

在使用事件监听时，需要注意内存管理。为了避免内存泄漏，在组件的生命周期函数onDestroy中，务必取消已注册的事件监听器。

```
protected onDestroy(): void {
    this.node.off('bubbleEvent');  // 取消事件监听
}
```

在处理复杂的节点层级时，事件冒泡机制可以简化事件监听设置。然而，在实际开发中，需要谨慎使用，避免不必要的事件捕获。如果某个节点捕获事件后不需要继续向上冒泡，应及时截断事件传播，以提高程序的效率和可维护性。

4.8 摄像机

在Cocos Creator引擎中，摄像机是一个虚拟物体，不需要绘制。它只是用来描述从哪个位置、哪个角度来拍摄游戏画面的。摄像机并不是真实的游戏场景中的物体，它只是记录了拍摄画面的位置和角度等信息。

摄像机有两种模式：一种是透视成像，也就是近大远小的成像方式；另一种是正交投影，它是直接将物体投影过来，物体的XY坐标保持不变。

透视投影的原理是利用相似三角形来计算新的X和Y坐标。Z轴表示屏幕到摄像机的距离。通过这种方式，可以得到摄像机拍摄的画面。

正交投影则不同。正交投影是垂直于投影面的。在正交投影中，不是按照相似三角形来投影的，而是直接将点垂直投影到底片上。正交投影的特点是，物体的X和Y坐标在投影后保持不变，而Z坐标则表示物体在视图空间中的深度位置。

透视摄像机的主要参数如下。

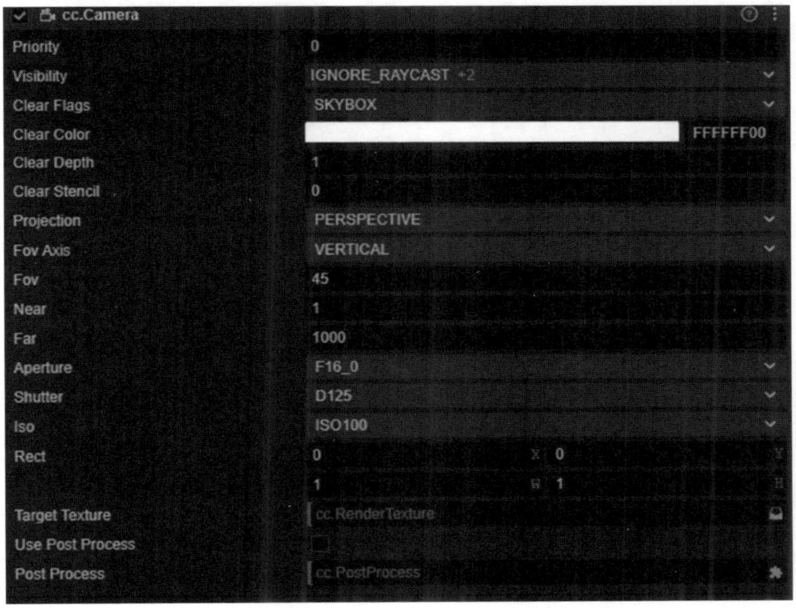

• Priority（优先级）：表示摄像机的渲染优先级，值越小，越先渲染。当场景中有多个摄像机时，这个参数很重要。

• Visibility（可见性）：决定了摄像机拍摄哪些类型的物体，可以在这里选择需要拍摄的物体类型。这里对应的是场景中节点的Layer属性。

• Clear Flags（清理屏幕方式）：决定了如何清理屏幕，可以选择“不清理”“用颜色清理”等选项。

• FOV（视场角）：表示摄像机的视角大小，可以根据需要调整这个角度，例如45°、60°或90°等。

• Near和Far（近裁剪面和远裁剪面）：决定了摄像机能够拍摄的最近和最

远距离。

• Target Texture（目标纹理）：可以将摄像机拍摄的画面绘制到一张纹理上，用于截图等功能。

正交摄像机的主要参数如下。

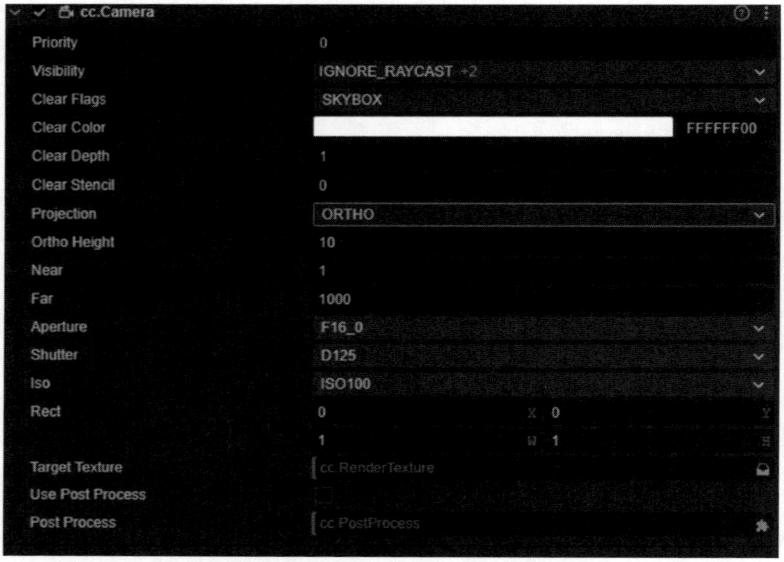

• Ortho Height（正交高度）：表示正交投影的高度，可以通过调整这个值来改变可视范围的大小。

其他参数与透视投影类似，如优先级、可见性、清理屏幕方式等。

这两种投影模式的特点如下。

• 透视投影：符合常见的视觉效果，即物体近大远小。当摄像机拉近或拉远时，物体的大小会相应地变大或变小。

• 正交投影：物体的大小不会随着距离的变化而改变。无论摄像机离物体有多远，物体的大小都保持不变。

当场景中有多个摄像机时，它们的渲染顺序很重要。摄像机的优先级决定了哪个摄像机先渲染。优先级数值越小，越先渲染。如果优先级相同，则按照场景中的顺序来渲染。

此外，摄像机的清理屏幕的方式也会影响最终的画面。如果选择了“清理屏幕”，那么后一个摄像机渲染的画面会覆盖前一个摄像机的画面；如果选择“不清理屏幕”，那么多个摄像机的画面就会叠加在一起。

4.9 各种光源的使用

Cocos Creator中的3种光源：太阳光、聚光灯和球面光。

太阳光也被称为平行光。太阳光是从遥远的地方发射过来的，由于距离非常远，可以认为它没有焦点，因此呈现出平行光的特点。太阳光的特点是各处的强度是一样的。它有3个主要特性：Illuminance（照度）、Color（颜色）和方向。方向决定了投影的位置和效果，照度决定了光的亮度，颜色则决定了光的色调。例如，默认情况下太阳光是白光，但如果设置为红光，那么光的颜色就会变成红色。此外，还有Color Temperature（色温），色温越高，颜色越偏冷；色温越低，颜色越偏暖。在Cocos Creator中，太阳光是通过DirectionalLight组件来实现的。

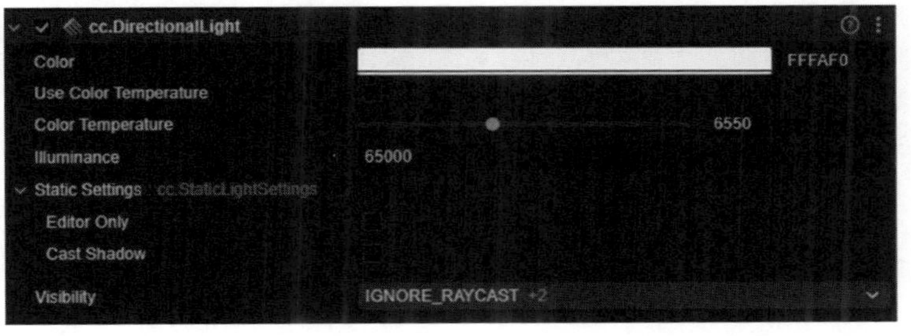

聚光灯是一种用于模拟舞台照明效果的光源类型，其光束呈锥形分布。该光源仅对处于锥形照射范围内的物体产生光照效果，且光照强度呈现中心强边缘弱的渐变特征。聚光灯具备强度、颜色、照射方向及色温等可调参数，通过调整色温参数可实现从暖色调到冷色调的光效变化。在Cocos Creator引擎中，聚光灯功能通过SpotLight组件实现，开发者可通过该组件灵活配置各项光照属性。

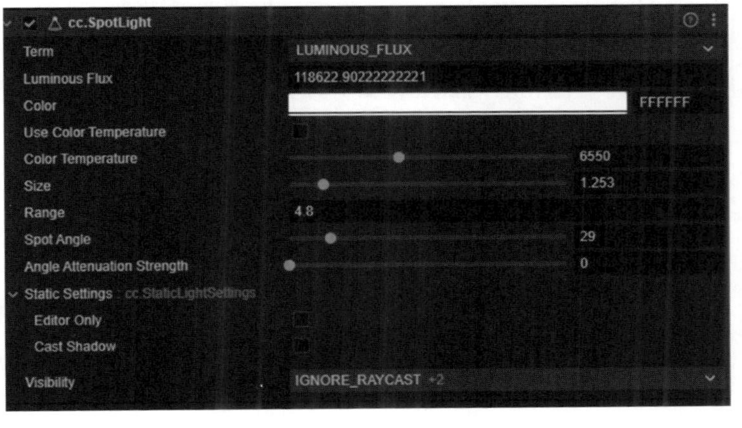

球面光源是一种基础光源类型，其发光特性表现为以点光源为中心的均匀辐射模式。该光源呈现球状分布特征，所有方向的光照强度保持一致。球面光源包含Size与Range两个核心参数：Size参数控制光源的有效照射范围，数值越大则光照覆盖区域越广；Range参数则决定光线强度的衰减边界，影响光照效果的可见距离。此外，球面光源同样支持颜色和色温等属性调节，可通过修改色温参数实现不同色温效果的光照表现。在Cocos Creator引擎中，球面光源功能的实现依赖SphereLight组件，开发者可通过该组件对各项光照参数进行精细化配置。

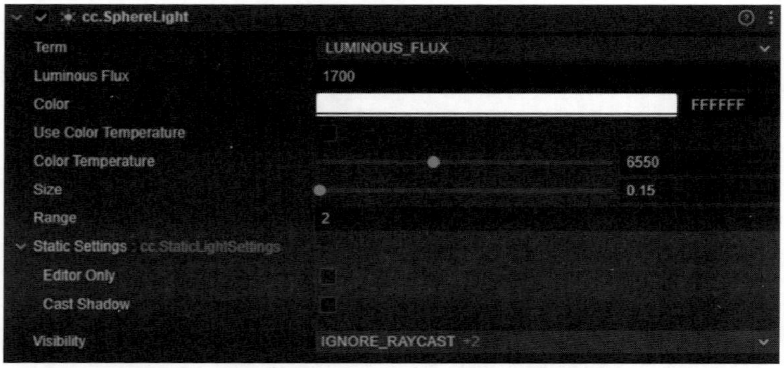

这3种光源在场景烘焙时非常重要，合理使用它们可以让场景看起来更加逼真和美观。

4.10 音频系统和音频管理器制作

Cocos Creator 3.8.6的音频管理系统基于AudioSource组件及其配套API构建，具备背景音乐（BGM）与音效播放双重功能，同时提供包括暂停、停止及音量调节在内的完整播放控制机制。引擎支持的音频格式涵盖.mp3、.ogg、.wav、.mp4和.m4a五种，其中，.mp4与.m4a格式在实际开发中应用较少，主流使用场景集中于.mp3、.ogg和.wav三种格式。

音频资源的导入操作与图片资源处理流程相似，开发者仅需将音频文件直接拖拽至项目资源管理器，系统便会自动完成资源转换，生成可直接引用的音频资源文件。这些资源可通过Clip属性关联至AudioSource组件进行播放控制。

在具体实现时，建议创建专用空节点（如命名为AudioManager）作为全局音频管理容器。通过添加组件功能挂载AudioSource组件，即可构建完整的音频管理节点。

Clip：这是需要播放的音频资源。

Loop：表示循环播放。如果勾选了这个选项，音频一旦开始播放，就会一直循环下去。

Play On Awake：表示在节点加载时自动播放音乐。即使这个节点不是场景中一开始就存在的，而是通过实例化生成的，它也会在onLoad时自动播放AudioSource组件中挂载的音频。

Volume：表示音量，默认值为1。

接下来分析一下AudioManager脚本核心代码。

```
this.audioSource = this.node.getComponent(AudioSource);
// 播放音频
this.audioSource.play();
// 暂停音频
// this.audioSource.pause();
// 停止音频
// this.audioSource.stop();
// 调整音量
this.audioSource.volume = 0.5;
```

不过，在游戏中，通常需要统一管理背景音乐和音效，常用的方法是通过单例模式来实现。下面将AudioManager改写成单例模式。

```
import { _decorator, AudioSource, Component, Node } from 'cc';
const { ccclass, property } = _decorator;

@ccclass('AudioSourceManager')
export class AudioSourceManager extends Component {
    private static _instance: AudioSourceManager;

    @property(AudioSource)
    bgmSource: AudioSource = null;

    @property(AudioSource)
    effectSource: AudioSource = null;

    // 单例模式
    public static instance(): AudioSourceManager {
        return this._instance;
    }

    // 初始化单例
```

```
    protected onLoad(): void {
        AudioSourceManager._instance = this;
    }
    // 播放bgm
    playBgm(loop: boolean = true) {
        this.bgmSource.stop();
        this.bgmSource.loop = loop;
        this.bgmSource.play();
    }
    // 播放音效
    playEffect() {
        this.effectSource.playOneShot(this.effectSource.clip);
    }
}
```

因为AudioManager是一个管理类，所以其他地方都可以使用它，示例代码如下：

```
import { AudioSourceManager } from './AudioSourceManager';
AudioSourceManager.instance().playBgm(true);
```

4.11 物理引擎

Cocos Creator 3.8.6的2D物理系统基于成熟的Box2D引擎构建，具备完整的物理模拟能力。该系统支持刚体碰撞检测、摩擦力计算、重力模拟等多种物理行为，为游戏开发提供可靠的物理机制实现基础。

以经典的推箱子游戏为例，当两个箱子发生碰撞时，若施加推力，前箱体会推动后箱体移动，这一过程正是碰撞检测功能的具体体现。重力模拟则与现实世界完全一致，系统默认采用9.8m/s²的标准重力加速度值。

需要特别注意的是，物理系统在项目中默认处于关闭状态。开发者需通过项目设置中的功能裁剪选项，手动勾选物理系统才能激活相关功能。

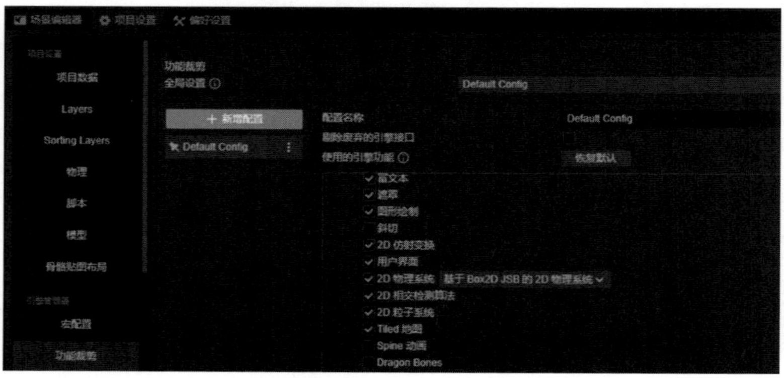

Cocos Creator引擎提供两种2D物理系统解决方案：其一是Cocos Creator原生内置的轻量级物理系统，其二是基于Box2D引擎的物理系统。内置系统以资源占用低为优势，而Box2D系统则具备更完整的物理模拟功能，但会相应增加项目体积和性能消耗。对于物理需求简单的场景，内置系统仅需基础碰撞检测即可满足需求，能有效避免引入Box2D模块带来的额外开销。

Box2D系统提供完善的交互接口，支持与刚体组件、关节组件等预设功能协同工作。内置系统则适用于物理机制简单的游戏开发，例如微信平台爆款《跳一跳》等轻量级游戏。从实际应用来看，Box2D系统在2D项目中使用更为普遍，但具体选择仍需根据项目需求而定。

3D物理系统提供多种引擎选择：Bullet作为默认物理引擎，同时支持碰撞检测与物理模拟功能；Cocos Creator内置轻量级引擎，仅提供基础碰撞检测；cannon.js引擎在碰撞检测的基础上增强了物理模拟能力；而NVIDIA开发的PhysX则是功能最完整的商业级物理引擎，适用于中大型3D项目，但会显著增加项目体积与计算开销。开发者需根据目标平台（如小游戏需控制包体大小）在功能与性能间进行权衡。

对于2D项目，基于Box2D的物理系统通常已能满足需求，其支持刚体组件等基础物理特性。Cocos Creator通过物理组件系统扩展节点功能，开发者可为节点挂载刚体与碰撞体等组件，实现物理交互效果。

刚体是物理系统中的核心组件，其命名方式根据项目维度有所区分：2D项目对应刚体2D（RigidBody2D）组件，3D项目则直接使用RigidBody组件。刚体主要分为3种类型：静态（Static）刚体不受物理力影响，但可参与碰撞，适用于地面、墙壁等固定的物体；运动（Kinematic）刚体不受重力作用但可通过代码控制位移，常用于可移动平台；动态（Dynamic）刚体作为默认类型，会响应重力及其他物理力，适合角色、敌人等运动的物体。

在刚体配置中，Gravity Scale属性控制重力影响系数，默认值为1。若需调整整体重力值，需通过项目设置的物理选项修改重力矢量。Linear Damping模拟空气阻力效果，使运动物体逐渐减速；Angular Damping则影响旋转阻尼。Linear Velocity和Angular Velocity分别控制移动与旋转速度，而Fixed Rotation属性在2D项目中尤为重要，可防止物体因运动产生非预期旋转——如角色移动时保持直立姿态。

在碰撞体方面，常用类型包括方形、圆形和多边形，其中圆形与方形碰撞体因性能优势成为首选。碰撞体设置包含Sensor选项，启用后转化为触发器并触发物理回调（如传送门检测）；Friction和Restitution分别调整摩擦系数与弹性系数。位置偏移量（Offset）和包围盒（Size）支持手动调节，但通过编辑模式（Editing）调整更为便捷。

Cocos Creator引擎提供4个物理事件，需在刚体上启用Enable Contact Listener属性方可使用。以下是基础事件处理代码示例。

```
start() {
    // 注册单个碰撞体的回调函数
     let collider = this.getComponent(Collider2D); // 获取当前节点的Collider2D组件
    if (collider) { // 确保获取到碰撞体组件
         collider.on(Contact2DType.BEGIN_CONTACT, this.onBeginContact, this); // 注册碰撞开始时的回调
          collider.on(Contact2DType.END_CONTACT, this.onEndContact, this); // 注册碰撞结束时的回调
          collider.on(Contact2DType.PRE_SOLVE, this.onPreSolve, this); // 注册碰撞解析前的回调
          collider.on(Contact2DType.POST_SOLVE, this.onPostSolve, this); // 注册碰撞解析后的回调
    }
}

onBeginContact(selfCollider: Collider2D, otherCollider: Collider2D, contact: IPhysics2DContact | null) {
    // 只在两个碰撞体开始接触时被调用一次
    console.log('onBeginContact被触发');
    // selfCollider: 当前节点的碰撞体
    // otherCollider: 与当前节点碰撞的另一个碰撞体
    // contact: 碰撞接触点信息（可能为null）
}

onEndContact(selfCollider: Collider2D, otherCollider: Collider2D, contact: IPhysics2DContact | null) {
    // 只在两个碰撞体结束接触时被调用一次
    console.log('onEndContact被触发');
    // selfCollider: 当前节点的碰撞体
    // otherCollider: 与当前节点碰撞的另一个碰撞体
    // contact: 碰撞接触点信息（可能为null）
}
```

```
onPreSolve(selfCollider: Collider2D, otherCollider: Collider2D, contact:
IPhysics2DContact | null) {
    // 每次将要处理碰撞体接触逻辑时被调用
    console.log('在碰撞解析之前触发');
    // selfCollider：当前节点的碰撞体
    // otherCollider：与当前节点碰撞的另一个碰撞体
    // contact：碰撞接触点信息（可能为null）
}

onPostSolve(selfCollider: Collider2D, otherCollider: Collider2D, contact:
IPhysics2DContact | null) {
    // 每次处理完碰撞体接触逻辑时被调用
    console.log('在碰撞解析之后触发');
    // selfCollider：当前节点的碰撞体
    // otherCollider：与当前节点碰撞的另一个碰撞体
    // contact：碰撞接触点信息（可能为null）
}
```

在使用Box2D时，碰撞过程中会不断进行碰撞解析，直到不再碰撞为止。还可以通过API来设置刚体的力，示例如下。

```
this.rb = this.getComponent(RigidBody2D); // 获取当前节点的RigidBody2D组件
if (this.rb) {
    this.rb.applyForceToCenter(new Vec2(0, 12), true); // 在节点的中心施加一个向
上的力
}
```

applyForceToCenter方法用于向刚体质心施加作用力，其第一个参数为向量（示例中为12单位的垂直向上力），第二个参数控制刚体的睡眠状态，对应Allow Sleep属性。睡眠状态的刚体将停止参与物理模拟计算，即不受重力、碰撞力等物理作用的影响，表现为静止状态。启用该功能可使静止刚体进入睡眠状态，从而优化物理计算效率，提升游戏性能。

此外，游戏世界的重力参数可通过物理系统设置进行调整。

```
PhysicsSystem2D.instance.gravity = new Vec2(0, -9.8)
```

物理系统的性能优化需重点关注两方面：首先应控制物理对象数量并简化碰撞体形状，避免复杂的几何结构带来的计算负担；其次需减少帧级物理参数修改，特别是重力等全局参数，因其会触发所有关联节点的同步更新，可能导致性能瓶颈。此外，需确保碰撞体与刚体正确绑定，否则将无法产生物理交互效果。需特别注意，当碰撞体启用触发器（Sensor）模式时，将完全退出物理计算流程。

4.12　射线检测

在Cocos Creator 3.8.6引擎中，射线检测（Raycast）是一种用于场景物体检

测的核心技术。该技术通过虚拟射线路径与碰撞体的交互判断，可精确获取碰撞信息。其实现原理类似于激光笔的光束检测：当射线发射后，引擎会计算其路径上是否存在碰撞体，并返回相应的检测结果。

在UI系统中的应用尤为典型。以按钮组件为例，其包含默认与按下两种状态。当用户单击屏幕时，引擎会从摄像机位置向单击方向发射射线。在2D场景中，这条射线会在平面坐标系内移动，当与按钮碰撞体相交时，即触发状态切换逻辑。这种机制实现了视觉反馈与功能响应的同步。

射线检测的核心要素包括起点与方向两个参数，其本质是具有明确路径的虚拟直线。该技术既适用于2D平面检测（如按钮交互），也支持3D空间检测。创建射线时，需通过特定API初始化检测条件，具体实现代码如下。

```
PhysicsSystem2D.instance.raycast(p1: Vec2, p2: Vec2, type: ERaycast2DType,
mask: number): RaycastResult2D[];
```

参数说明如下。

- p1：射线的起点，必须是世界坐标。
- p2：射线的终点，也是世界坐标。
- type：射线检测的类型，有以下几种选项。Closest：返回路径中最近的物体；All：返回路径中所有的碰撞体；AllClosest：检测路径上所有的碰撞体，但只筛选同一个碰撞体上最近的碰撞点；Any：检测路径中是否有碰撞体，返回布尔值。
- mask：位掩码，用得不多。

返回值是一个数组，因为射线可能会碰到多个物体。不过也可以设置让它只返回碰到的第一个物体（即最近的物体）。

示例代码如下。

```
export class RaycastAPI extends Component {
    update(deltaTime: number) {
            let start = new Vec2(this.node.worldPosition.x, this.node.
worldPosition.y);
        let end = new Vec2(start.x, start.y - 50);

            let results = PhysicsSystem2D.instance.raycast(start, end,
ERaycast2DType.All);

        if (results.length > 0) {
            let result = results[0];
            console.log('击中碰撞体', result.collider.node.name);
            console.log('击中点位', result.point);
        } else {
            console.log('未击中任何碰撞体');
        }
```

```
    }
}
```

在射线检测的性能优化方面，需重点关注3个关键维度：检测范围控制、检测频率调节，以及碰撞体过滤机制。首先，应合理设定射线长度参数，避免过长的检测范围导致不必要的性能损耗。其次，可通过降低检测频率实现优化，例如采用间隔检测而非逐帧检测的方式。此外，利用物理层级掩码（mask）进行分层过滤能有效提升效率，但该技术实现相对复杂，初期可采用条件判断作为过渡方案，同时需注意其对性能的影响。

射线检测的典型应用场景包括：物体点击交互实现、视线检测（如NPC的玩家发现机制）、路径障碍物检测，以及弹道轨迹模拟（常见于FPS游戏）。在实际开发中，建议根据项目性能指标与场景复杂度，动态调整射线检测的触发频率与作用范围，在功能需求与运行效率之间取得平衡。

4.13　定时器与节点删除

定时器是一种周期性触发执行的机制，其核心功能是在设定的时间间隔后自动执行指定操作。举例而言，当设置3秒的间隔时间后，系统将在3秒周期到达时自动触发回调函数，这种周期性执行机制即被称为定时器。

在技术实现层面，定时器作为Component类的一个内置方法存在。Component作为组件实例的基础类，其生命周期与所在节点紧密关联。需要特别注意的是，当组件所属节点处于隐藏状态或被销毁时，与之关联的定时器将自动停止触发。

为让大家更直观地了解定时器的使用方式，下面将通过具体代码示例进行演示。

```
import { _decorator, Component, Node } from 'cc';
const { ccclass, property } = _decorator;

@ccclass('Scheduler')
export class Scheduler extends Component {
    start() {
        // 触发一次，3秒以后的定时器
        this.scheduleOnce(() => {
            console.log("3秒以后");
        }, 3);
    }
    update(deltaTime: number) {
    }
}
```

定时器在达到预设的3秒时间阈值后将触发执行。该定时器采用单次触发机制，即执行完毕后自动终止。若需实现周期性重复触发功能，可通过调用定时器提供的其他接口方法实现循环执行。

```
const schedule1 = () => {
    console.log("定时器触发了，2秒一次");
}
// 3秒后启动定时器，每隔2秒调用一次函数，一共调用6次（也就是重复5次）
this.schedule(schedule1, 2, 5, 3);
```

当定时器启动后，系统将在初始延迟3秒后开始周期性触发，此后每隔2秒执行一次回调函数，该过程将重复执行共计6次。定时器管理还支持手动终止功能，具体提供两种取消方式：一是通过调用接口清除所有组件实例关联的定时器；二是针对特定定时器进行单独取消操作。

```
this.unscheduleAllCallbacks();
```

取消对应的定时器。

```
this.unschedule(定时器名称);
```

在场景管理操作中，节点的移除主要分为两种实现方式。第一种方式仅将节点从场景树结构中移除，而保留节点对象本身的完整性。具体通过调用removeFromParent函数实现该操作，此时节点将从当前场景的渲染层级中消失，但其内存中的实例数据仍保持存在状态。

```
// 移除节点但不销毁
const item = find('Sphere')
item.removeFromParent();
```

在场景节点管理操作中，第二种实现方式是通过调用destroy函数将节点从场景树中移除并销毁节点对象的。需特别说明的是，该操作仅完成节点实例的销毁，但不会自动释放节点所占用的资源。此处需明确区分节点销毁与资源释放两个独立的概念：前者指节点实例的清除，后者涉及内存资源的回收处理。

```
const item = find('Sphere')
// 移除节点且销毁
item.destroy();
```

资源需要自己在onDestroy生命周期函数里额外释放。

4.14 数据存储

在游戏开发流程中，数据存档功能是确保玩家体验连续性的核心模块。该功能主要用于持久化3类关键数据：用户个性化配置（如音频开关、语言选择）、游戏进程状态（如关卡进度、角色属性），以及竞技排名信息（如小游戏排行榜）。以Cocos Creator引擎为例，其提供了多层级的数据存储解决方案，开发者可根据数据特性与生命周期需求选择适配方案。当前主流的存储架构有4种，下面分别介绍。

4.14.1　本地存储（LocalStorage）

这是最常用的一种方式。Cocos Creator内置了本地存储功能，适合存储轻量级的数据，例如玩家的设置或简单的游戏进度。

4.14.2　文件存储

文件存储也是将数据保存在设备的本地文件夹中，但它更适合存储稍微大一点的或结构化的数据。例如，可以用JSON或配置文件来存储数据。这种方式通常需要操作设备的文件系统，一般在原生平台（如安卓或iOS）上使用。

4.14.3　服务器存储

服务器存储是一种远程存储方式，适合需要同步或跨设备共享的数据，例如排行榜或云存档。数据存储在远程服务器上，需要通过网络进行交互。如想防止玩家作弊，例如修改本地数据（如人物经验或金币数量），就可以将数据存储在远程服务器上。

4.14.4　数据库存储

数据库存储是通过第三方库或插件（如SQLite或MySQL）来实现的，适合复杂的数据操作和管理。

在上述存储方案中，本地存储（LocalStorage）因其操作便捷成为首选方案。该存储模式具有3个核心特性：其一，接口设计简洁，开发者可快速实现数据存取操作；其二，专为轻量级数据优化，适用于游戏配置、进度记录等场景；其三，采用本地化存储机制，数据持久化于用户终端环境。需特别注意其应用边界：不适合存储用户凭证等敏感信息，且存在单次数据量限制。

以下是具体的代码示例及详细注释。

```
export class SaveAndLoadAPI extends Component {
    // 定义一个复杂的数据结构，用于存储玩家信息
```

```
    data = {
        name: 'player1',      // 玩家名称
        level: 10,            // 玩家等级
        score: 1200,          // 玩家得分
    };

    start() {
        // 在组件启动时调用保存和加载数据的方法
        // 将当前的玩家数据保存到本地存储中，键为playerData
        this.saveData('playerData', this.data);
        // 从本地存储中读取键为playerData的数据
        this.loadData('playerData');
    }

    saveData(key: string, data) {
        // 定义一个方法用于保存数据到本地存储
        // 参数:
        // - key: string，本地存储的键名
        // - data: 要保存的数据对象

        // 将数据对象转换为JSON字符串
        // JSON.stringify()方法用于将JavaScript对象或值转换为JSON字符串
        let jsonString = JSON.stringify(data);

        // 使用sys.localStorage.setItem()方法将JSON字符串保存到本地存储中
        // 键为传入的key，值为JSON字符串
        sys.localStorage.setItem(key, jsonString);

        // 在控制台打印保存成功的消息和数据
        console.log('Data saved!', data);
    }

    loadData(key: string) {
        // 定义一个方法用于从本地存储中加载数据
        // 参数:
        // - key: string，本地存储的键名

        // 使用localStorage.getItem() 方法从本地存储中获取键为key的数据
        // 如果该键存在，返回对应的值（JSON字符串），否则返回null
        let jsonData = localStorage.getItem(key);

        if (jsonData) {
            // 如果获取到数据（jsonData不为null）
            // 使用JSON.parse()方法将JSON字符串转换为JavaScript对象
            let data = JSON.parse(jsonData);

            // 在控制台打印加载成功的消息和数据
            console.log('Data loaded!', data);
        } else {
            // 如果没有找到对应的键（jsonData为null）
            // 在控制台打印未找到数据的消息
            console.log('No data found!');
        }
    }
}
```

在数据存储的实际应用中，需重点关注以下技术要点。

数据大小限制

本地存储（LocalStorage）存在容量限制，其标准上限通常为5MB。该容量设计已充分满足常规游戏场景需求，因存储内容多为结构化字符串数据（如玩家坐标、血量值等关键状态信息），实际占用量通常仅数字节。对于需要更大存储空间的场景，可考虑采用文件存储或服务器存储方案，但需针对不同的平台（如Android/iOS）进行原生代码适配。

数据安全

对于一些敏感数据（如账号密码），需要进行加密存储，避免将重要数据直接存储在客户端（即玩家使用的设备上）。一般来说，玩家的账号数据都存储在远程服务器上，以防止作弊。

跨平台兼容性

在不同的操作系统或硬件平台中，数据存储路径存在差异，开发者需针对目标平台进行适配性调整。关于数据安全性的加密实现方案，虽然本文未展开具体技术细节，但相关技术文档中提供了完整的技术指引。建议采用标准加密算法（如AES）配合经过验证的第三方安全库（如OpenSSL）来构建数据保护机制。

```
import encrypt from 'encryptjs';
var secretkey = 'open_sesame'; // 加密密钥
var dataString = JSON.stringify(userData);
var encrypted = encrypt.encrypt(dataString, secretkey, 256);

sys.localStorage.setItem('userData', encrypted);
```

接下来将进入实践操作环节。部分读者可能对未详细讲解UI操作存在疑问，需要说明的是，UI模块的学习特性决定了对其进行实战教学更为适宜。通过实际编码操作，开发者能够直观地感受界面交互效果，从而更有效地掌握相关技术要点。这种实践导向的学习方式，有助于深化对UI开发原理的理解。

第 5 章

项目实战：射击类游戏

5.1　游戏功能介绍

打飞机游戏是一种经典的射击游戏，核心功能模块包含以下关键要素。

（1）游戏流程控制

• 启动阶段：游戏初始呈现动态开始界面，玩家通过点击开始游戏按钮进入主交互界面。

• 操作机制：采用拖拽操控实现飞机横向移动，支持收集特殊道具（炸弹/双发子弹），其中双发子弹具有时效性，使用后将自动恢复为常规子弹。

（2）游戏状态管理

• 视觉反馈：每架敌机均配备爆炸特效动画。

• 数据记录：实时追踪炸弹库存与玩家生命值指标。

• 交互控制：提供暂停/继续功能切换，并集成环境音效系统。

（3）核心玩法系统

• 道具使用：双击操作触发炸弹释放，实现全屏敌机清除。

• 得分机制：碰撞系统包含短暂无敌状态（伴随视觉闪烁效果），死亡界面显示历史最高分与本次得分。

• 数据持久化：所有得分数据通过localStorage实现本地存储。

5.2　开发环境与资源

引擎版本：Cocos Creator 3.8.6。

资源需求：扫描二维码可获取游戏配套视觉素材与音频资源。

5.3　创建项目

飞机大战项目采用2D架构设计，开发时需选择Empty(2D)模板进行工程初始化。模板创建完成后，通过单击“打开”按钮进入项目开发环境。

在场景编辑工作区中，首先执行场景保存操作。随后在assets资源目录下创建Scenes专用文件夹，将当前场景文件命名为01-Start.scene。该场景作为游戏主菜单界面，专门用于实现游戏启动功能模块的视觉呈现与交互逻辑开发。

5.3.1 导入素材

在项目开发过程中，需要将游戏所需的视觉素材与音频资源导入工程目录。具体操作如下。

（1）素材导入

将包含图片资源的image文件夹与存储音效的sound文件夹，通过拖拽的方式统一存放至assets资源管理目录下。

（2）目录标准化

为保持资源命名的规范性，需要将上述文件夹名称分别修正为Image（图片资源）和Audio（音频资源），确保与项目其他资源文件的命名体系保持一致。

5.3.2 背景设置

将背景图片（background）与飞机大战的名字图片拖入场景中。

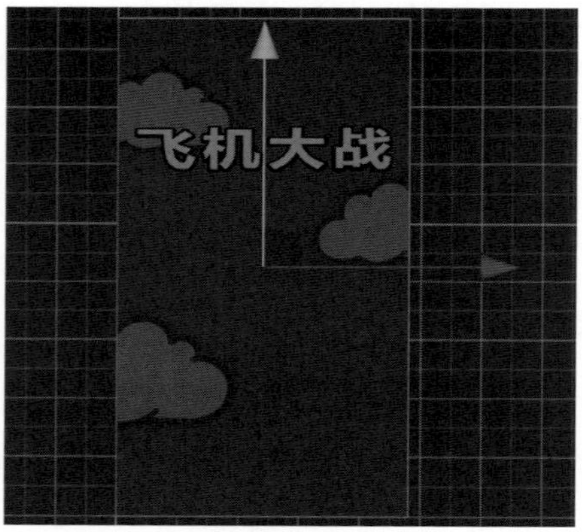

将图片大小与画布大小设置为一致，在“项目设置”中，将“设计宽度”和“设计高度”改为与背景图片一致（480 × 852）。

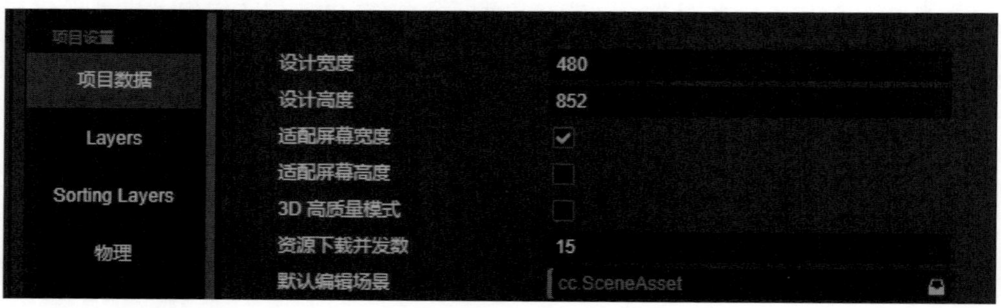

5.3.3　添加加载动画

将预设动画对象game_loading1图片拖至场景画布中完成基础定位。

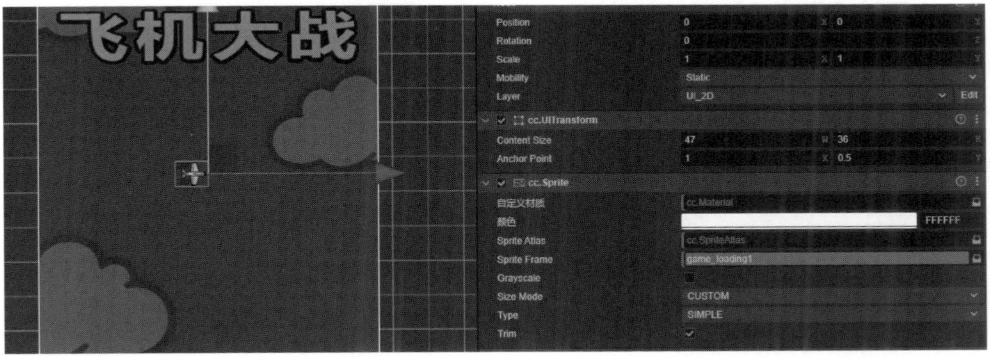

选中目标对象后，在属性检查器面板中单击“添加组件”按钮，从扩展组件列表中选择Animation功能模块。该组件作为帧动画的核心控制单元，支持为游戏对象创建动态效果。

新建动画文件loading.anim，并在assets资源目录下创建Animations专用文件夹进行统一存储。此步骤可确保动画资源与其他开发素材保持分类管理。

在场景视图中选中已配置Animation组件的对象，通过在菜单栏中选择“窗口”→“动画编辑器”命令，启动动画编辑器。若动画编辑器窗口处于关闭状态，需要按上述流程重新激活。

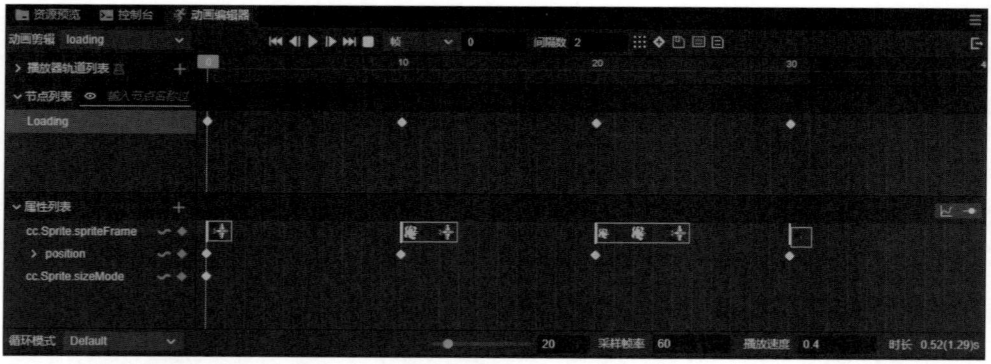

在动画编辑器界面，单击“属性列表”右侧的加号按钮，选择帧动画类型CC.Sprite.spriteFrame。将预先准备的帧图片按顺序拖入动画轨道。

- 第0帧：game_loading1。
- 第10帧：game_loading2。
- 第20帧：game_loading3。
- 第30帧：game_loading4。

再次单击“属性列表”右侧的加号按钮，添加position（位置）属性。调整时间轴指针至初始帧（第0帧），此时position轨道将自动生成起始关键帧（菱形标记）。按帧逐次移动指针并向右平移。

- 第10帧：小幅右移。
- 第20帧：继续右移。
- 第30帧：保持右移趋势。

通过上述操作，系统将自动记录各关键帧的位置变化，最终实现对象从左至右平滑位移的动画效果。

动画速率调节

在动画编辑器界面定位“播放速度”属性参数（数值输入框），根据需求调整播放速度。例如，将数值设置为0.4，可使动画呈现慢速播放的效果，从而增强视觉流畅度。

循环播放设置

如果需要实现循环播放，需在属性检查器中启用“循环播放”。

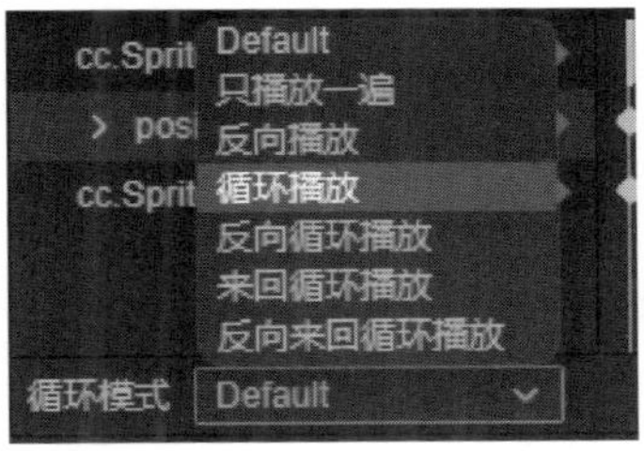

动画保存与触发

完成上述设置后，单击编辑器左上角的“保存”按钮存储动画配置。确保在场景属性面板中勾选“加载后播放”复选框，使动画在场景初始化时自动执行。

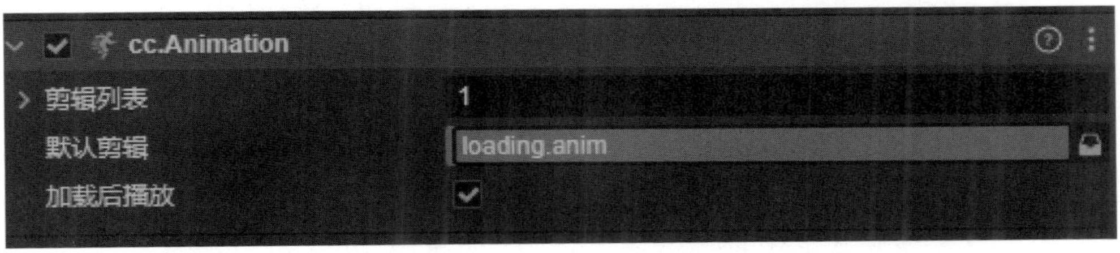

5.3.4　开始按钮

下面介绍按钮的创建与基础配置。

在场景界面中添加UI组件Button，通过文本编辑功能将默认按钮文字修改为“开始游戏”。

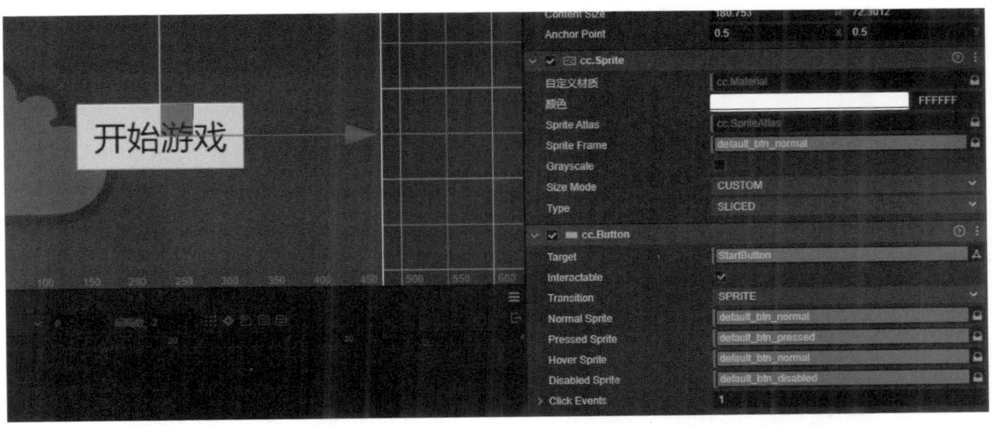

调整按钮的尺寸参数与文本字号，确保其在界面中具有足够的视觉辨识度。同时，将按钮拖放至符合交互逻辑的合理位置。

该按钮作为游戏启动的触发控件，其醒目的视觉表现与明确的功能标识可有效引导用户操作。

5.4 场景跳转功能实现

在项目目录下新建Scripts文件夹，用于集中管理游戏逻辑脚本。在该文件夹内创建StartUI脚本文件，该脚本将负责处理场景跳转功能。

5.4.1 脚本组件挂载

将StartUI脚本组件附加至“开始游戏”按钮。通过属性面板中的组件绑定功能，建立脚本与按钮的关联关系。

5.4.2 事件逻辑实现

在 StartUI 脚本中定义 onStartButtonClick 方法，该方法调用 cc.director.loadScene('02-GameScene') 接口实现加载场景。需要确保目标场景 02-GameScene 已存在于项目资源中且命名完全匹配。

```
public onStartButtonClick() {
        cc.director.loadScene('02-GameScene')
}
```

5.4.3 事件绑定配置

在场景编辑器中选择StartButton按钮，通过Click Events功能面板将onStartButtonClick方法绑定至按钮的单击事件响应。完成设置后，单击按钮将触发预设的场景跳转逻辑。

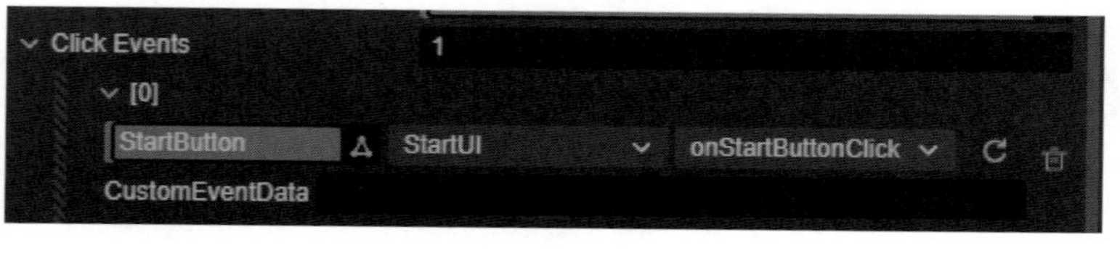

代码中的02-GameScene为预设目标场景（目前还是空场景），需要确保已创建场景资源且命名与代码完全一致。点击“开始游戏”按钮后，若配置正确，游戏将自动跳转至指定场景。

5.5 游戏逻辑与功能

5.5.1 背景滚动实现

将背景图片background导入编辑器并置于Canvas底层。复制生成Bg01与Bg02两张背景资源，将Bg02垂直上移852像素，使其与Bg01无缝拼接。创建父节点Bg，初始坐标为0,0，将Bg01和Bg02设为子节点。

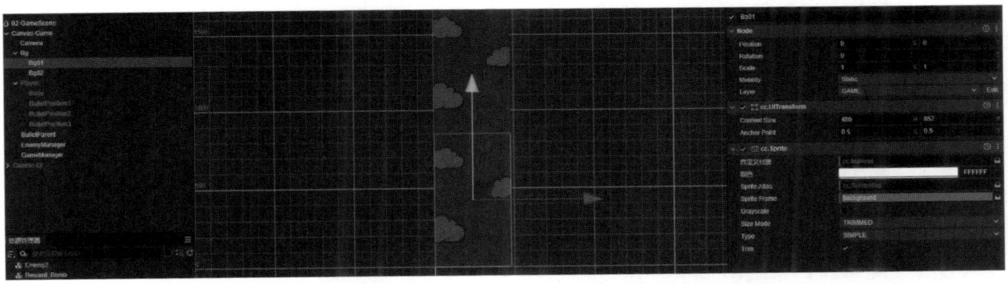

在Scripts文件夹内新建Bg脚本文件，该脚本将用于控制背景滚动逻辑。通过父子节点结构管理背景资源，为后续实现循环滚动功能提供基础架构。

```
// 导入必要的模块
import { _decorator, Component, Node, Vec3 } from 'cc';
const { ccclass, property } = _decorator;

// 定义背景滚动类
@ccclass('Bg')
export class Bg extends Component {
    // 定义两个背景节点的属性
    @property(Node)
    bg01: Node = null; // 第一张背景图片
    @property(Node)
    bg02: Node = null; // 第二张背景图片

    // 定义滚动速度
    @property
```

```
    speed: number = 100; // 滚动速度，默认值为100

    // 初始化方法
    start() {
        // 在这里可以添加一些初始化代码，目前为空
    }

    // 更新方法，每帧调用
    update(deltaTime: number) {
        // 每帧更新两张背景图片的位置
          this.bg01.setPosition(this.bg01.getPosition().add3f(0, -this.speed * 
deltaTime, 0));
          this.bg02.setPosition(this.bg02.getPosition().add3f(0, -this.speed * 
deltaTime, 0));

        // 判断背景图片是否滚动到屏幕外
        if (this.bg01.getPosition().y < -852) {
            // 如果Bg01滚动到屏幕外，则将其移动到Bg02的上方
            this.bg01.setPosition(this.bg02.getPosition().add3f(0, 852, 0));
        }
        if (this.bg02.getPosition().y < -852) {
            // 如果Bg02滚动到屏幕外，则将其移动到Bg01的上方
            this.bg02.setPosition(this.bg01.getPosition().add3f(0, 852, 0));
        }
    }
}
```

（1）脚本组件绑定

将Bg脚本资源拖至Bg节点完成挂载。在脚本属性面板中，将Bg01与Bg02图片资源分别指定至对应属性槽位。

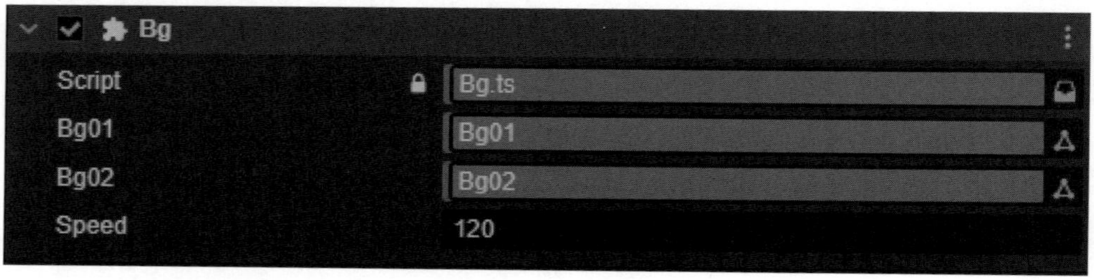

（2）运行效果验证

单击“运行”按钮启动测试，观察背景滚动表现。若滚动速率未达预期，可在运行时动态调整Speed属性数值，直至实现理想的视觉效果。

（3）功能验收说明

经测试验证，背景图片已成功实现无缝循环滚动。后续可根据游戏设计需求，对滚动参数进行精细化调校。

5.5.2　主角控制

（1）主角资源导入

将飞机动画资源hero1与hero2导入场景。其中，hero1作为初始显示帧。选中hero1图像，将其重命名为Body节点，并创建父节点Player。将Body作为子节点挂载至Player下方，通过父子节点分离显示控制（Body）与逻辑控制（Player），保持Body坐标为（0,0），确保位置同步。

（2）动画组件配置

为Body节点添加动画组件，新建Player_Idle.anim动画资源。将hero1置于第0帧，将hero2置于第10帧，设置循环播放模式。

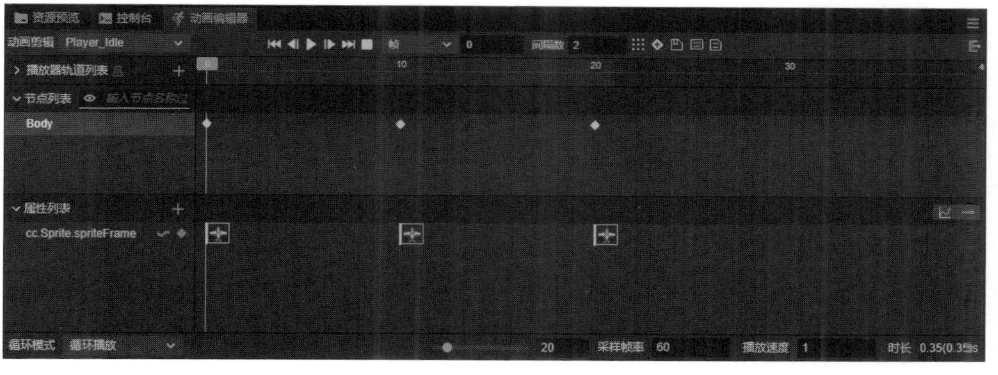

（3）动画配置确认

完成动画剪辑后，保存并关闭动画编辑器。确保勾选加载后播放选项，使动画在加载场景时自动播放。运行测试可验证飞机帧动画的正常播放效果。

（4）控制脚本挂载

新建Player脚本并挂载至飞机父节点。

遵循逻辑控制集中化原则，所有移动控制代码均通过该脚本实现。脚本内容包含飞机运动的核心逻辑处理。

```
// 导入所需的模块
import { _decorator, Component, input, Node, Input, EventTouch, Vec3 } from
'cc';
const { ccclass, property } = _decorator;

// 定义Player类
@ccclass('Player')
export class Player extends Component {
    // 在onLoad生命周期中注册触摸移动事件
    protected onLoad(): void {
        input.on(Input.EventType.TOUCH_MOVE, this.onTouchMove, this);
    }

    // 在onDestroy生命周期中注销触摸移动事件
    protected onDestroy(): void {
        input.off(Input.EventType.TOUCH_MOVE, this.onTouchMove, this);
    }

    // 处理触摸移动事件
    onTouchMove(event: EventTouch) {
        // 获取当前节点的位置，并根据触摸事件的偏移量更新位置
        const position = new Vec3(
            this.node.position.x + event.getDeltaX(),
            this.node.position.y + event.getDeltaY(),
            this.node.position.z
        );
        this.node.setPosition(position);
    }
}
```

（5）移动功能验证

当前程序运行时，飞机已实现触摸跟随移动功能。经测试发现存在超出屏幕边界的问题，需对移动范围进行限制。

（6）边界值设定

根据屏幕尺寸设定约束范围：水平方向边界值为±230像素，垂直方向边界值为±380像素。通过修改移动逻辑代码，确保飞机坐标始终在限定区域内运动。

```
// 限制左右边界
if (position.x > 230) {
    position.x = 230; // 如果超出右边界，设置为右边界值
}
if (position.x < -230) {
    position.x = -230; // 如果超出左边界，设置为左边界值
}

// 限制上下边界
```

```
    if (position.y > 380) {
        position.y = 380; // 如果超出上边界，设置为上边界值
    }
    if (position.y < -380) {
        position.y = -380; // 如果超出下边界，设置为下边界值
    }
```

当前程序运行时，飞机已实现触摸跟随移动，且移动范围被限制在屏幕边界内。

5.5.3　子弹

（1）子弹属性说明

游戏包含两种子弹类型：bullet1（橙色）和bullet2（蓝色）。子弹发射模式分为单发与双发两种状态，默认情况下飞机发射单发子弹，拾取奖励物品后切换为双发模式。

（2）子弹发射开发

子弹发射功能通过预制体（Prefab）实现实例化。首先开发bullet1的发射功能，将bullet1预制体导入场景并命名为Bullet1。

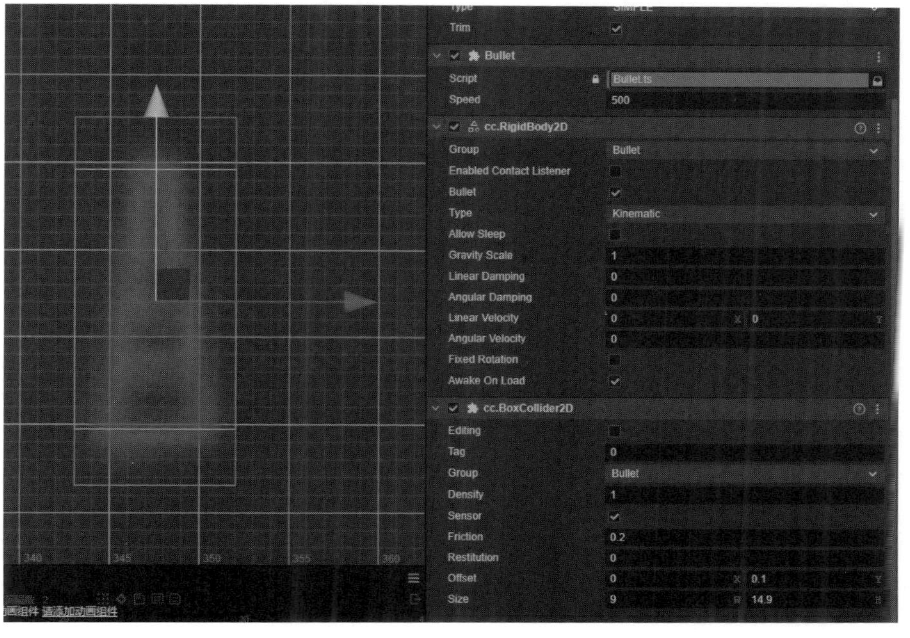

为该子弹添加飞行功能，新建Bullet.ts脚本并挂载至Bullet1对象，脚本将控制子弹的飞行行为。

```
// 导入必要的模块
import { _decorator, Component, Node } from 'cc';
const { ccclass, property } = _decorator;

// 定义Bullet类
@ccclass('Bullet')
export class Bullet extends Component {
    // 定义子弹的速度属性，默认值为500
    @property
    speed: number = 500;

    // 更新方法，每帧调用
    update(deltaTime: number) {
        // 每帧更新子弹的位置，使其向上移动
            this.node.setPosition(this.node.getPosition().add3f(0, this.speed * 
deltaTime, 0));
    }
}
```

（3）子弹预制体制作

将Bullet1脚本挂载至同名对象后运行程序，验证子弹可正常向上飞行。在项目面板中创建Prefabs文件夹，将Bullet1拖入该文件夹中，保存为预制体。同理，创建Bullet2预制体，使用bullet2图片资源并挂载相同的脚本，通过设置速度值为600实现差异化。

（4）子弹发射系统搭建

在Player节点下方创建BulletPosition1空节点作为1号子弹初始发射点，调整至飞机正上方位置。

新建BulletParent节点统一管理子弹实例。后续将在Player脚本中实现子弹发射逻辑，通过实例化预制体来控制子弹的生成。

脚本代码如下。

```
// 设置子弹发射频率，默认为0.5秒发射一次
@property
shootRate: number = 0.5;

// 1号子弹发射初始位置节点
@property(Node)
position1: Node = null;

// 子弹父节点
@property(Node)
bulletParent: Node = null;

// 引用子弹预制体
@property(Prefab)
bullet1Prefab: Prefab = null;

// 用于记录时间间隔
shootTimer: number = 0;
// 省略之前逻辑
...
// 每帧更新逻辑
protected update(dt: number): void {
    // 累加时间
    this.shootTimer += dt;

    // 如果时间达到发射频率
    if (this.shootTimer >= this.shootRate) {
        this.shootTimer = 0; // 重置计时器

        // 实例化子弹
        const bullet1 = instantiate(this.bullet1Prefab);

        // 将子弹添加到父节点
        this.bulletParent.addChild(bullet1);

        // 设置子弹的初始位置为发射位置
    bullet1.setWorldPosition(this.bullet1Position.worldPosition);
    }
}
```

返回场景界面，定位到Player节点。在Player脚本组件中完成属性设置，包括指定BulletParent（子弹父节点）、BulletPosition1（1号子弹发射点）和Bullet1Prefab（1号子弹预制体）等参数。

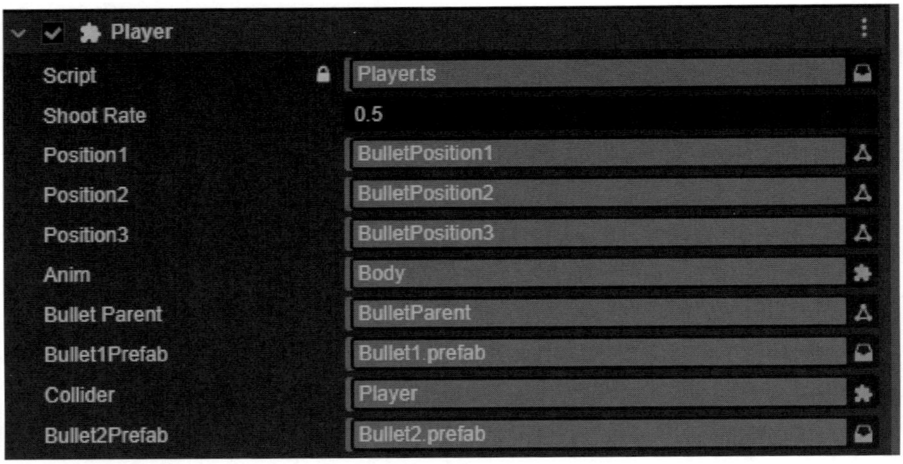

（5）双发模式开发

在运行游戏时，子弹按设定频率从飞机正上方正常发射。双发模式开发需要在场景中创建BulletPosition2和BulletPosition3两个空节点，分别作为两枚子弹的初始发射点，调整至飞机两侧适当位置以确定发射方向。

（6）实现模式切换

在Player脚本中通过ShootType枚举定义单发与双发模式，其切换逻辑与单发模式类似。双发模式下将同时实例化两枚子弹，实现两种发射模式的动态切换。

```
// 定义子弹发射模式枚举
enum ShootType {
    OneShoot, // 单发模式
    TwoShoot // 双发模式
}
```

根据当前发射模式设定，程序将自动选择执行单发或双发子弹发射操作。具体实现方式为：将原有单发子弹发射逻辑封装为oneShoot方法，新增twoShoot方法专门处理双发子弹发射逻辑。在update方法中通过判断当前发射模式，动态调用相应的发射方法。

修改后的代码结构保持原有功能不变，通过方法封装实现发射模式的模块化管理。单发模式仍调用oneShoot方法，双发模式则激活twoShoot方法，两种模式均通过统一的update方法进行调度控制。

```
// 单发子弹发射逻辑
oneShoot(dt: number) {
    this.shootTimer += dt; // 累加时间
    if (this.shootTimer >= this.shootRate) {
        this.shootTimer = 0; // 重置计时器
        const bullet1 = instantiate(this.bullet1Prefab); // 实例化单发子弹
        this.bulletParent.addChild(bullet1); // 将子弹添加到父节点
         bullet1.setWorldPosition(this.position1.worldPosition); // 设置子弹发射
位置
    }
}

// 双发子弹发射逻辑
twoShoot(dt: number) {
    this.shootTimer += dt; // 累加时间
    if (this.shootTimer >= this.shootRate) {
        this.shootTimer = 0; // 重置计时器
        const bullet1 = instantiate(this.bullet2Prefab); // 实例化第一枚双发子弹
        const bullet2 = instantiate(this.bullet2Prefab); // 实例化第二枚双发子弹
        this.bulletParent.addChild(bullet1); // 将第一枚子弹添加到父节点
        this.bulletParent.addChild(bullet2); // 将第二枚子弹添加到父节点
         bullet1.setWorldPosition(this.position2.worldPosition); // 设置第一枚子
弹的发射位置
         bullet2.setWorldPosition(this.position3.worldPosition); // 设置第二枚子
弹的发射位置
    }
}
update(dt: number): void {
        if(this.hp > 0){
            switch(this.shootType){
                case ShootType.OneShoot:
                    this.oneShoot(dt);
                    break;
                case ShootType.TwoShoot:
                    this.twoShoot(dt);
                    break;
            }
        }
    }
```

（7）实现子弹销毁机制

在测试验证时，双发模式下飞机应能同步发射两枚子弹。现需解决子弹持续留存导致的性能问题：当子弹*Y*坐标超过440像素（即超出屏幕可视区域）时，通过Bullet.ts脚本自动调用销毁方法。该机制通过实时检测子弹位置坐标实现，确保超出屏幕范围的子弹对象被及时回收，避免资源浪费和画面遮挡问题。

```
update(deltaTime: number) {
    // 每帧更新子弹的位置，使其向上移动
    this.node.setPosition(
        this.node.getPosition().add3f(0, this.speed * deltaTime, 0)
    );
```

```
        // 检查子弹的Y坐标是否超出了屏幕范围
        if (this.node.getPosition().y > 440) {
            // 如果超出范围，则销毁子弹
            this.node.destroy();
        }
    }
```

当子弹的Y坐标大于440时，它们会被自动销毁，从而避免子弹在屏幕上堆积，提升了游戏的性能和用户体验。

5.5.4　敌人飞机设计

（1）敌人飞机节点架构设计

敌人飞机（以下简称“敌机”）资源包含3种类型：小飞机（Enemy0）、中型飞机（Enemy1）和大飞机（Enemy2）。

为保持代码的可扩展性，采用与玩家角色（Player）相同的设计模式：创建空节点作为敌机容器，再将显示元素挂载至该节点下，实现显示控制与逻辑控制的分离。具体实现步骤如下。

首先在场景中创建名为Enemy0的空节点作为0号敌机的根节点，将Enemy0图片资源拖入该节点并命名为Body，该子节点负责敌机显示且与父节点保持位置同步。初始位置设置需将Enemy0节点拖至场景外部，确保敌机生成时从屏幕外进入场景。

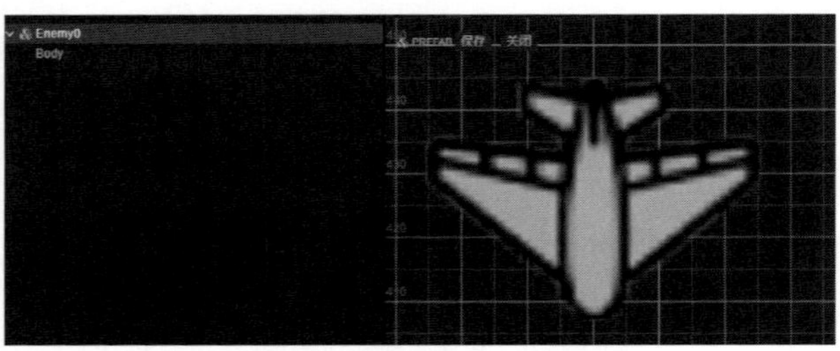

（2）通用脚本实现

为Enemy0节点挂载Enemy.ts脚本，该脚本通过参数化设计适配不同尺寸的敌机（Enemy1/Enemy2）。脚本需包含移动控制逻辑，驱动敌机自上而下飞行，同时集成down动画触发机制，实现被击中后的销毁效果。此架构便于后续扩展更多敌机类型或调整行为逻辑。

```
// 导入必要的模块
import { _decorator, Component, Node } from 'cc';
const { ccclass, property } = _decorator;

// 定义一个名为Enemy的类，继承自Component
@ccclass('Enemy')
export class Enemy extends Component {
    // 定义一个速度属性，用于控制敌机的移动速度
    @property
    speed: number = 300;
    // update方法会在每一帧被调用，用于更新敌机的位置
    update(deltaTime: number) {
        // 获取当前节点的位置
        const position = this.node.position;
        // 更新节点的坐标，使其向下移动
         this.node.setPosition(position.x, position.y - this.speed * deltaTime, 
position.z);
    }
}
```

（3）敌机脚本配置

将Enemy.ts脚本挂载至Enemy0节点，通过参数化设计实现差异化移动速度：大飞机（Enemy2）速度最慢，中型飞机（Enemy1）速度为中等，小飞机（Enemy0）移动最快。完成配置后，将Enemy0节点拖至Prefabs文件夹生成预制体，支持后续批量实例化操作。

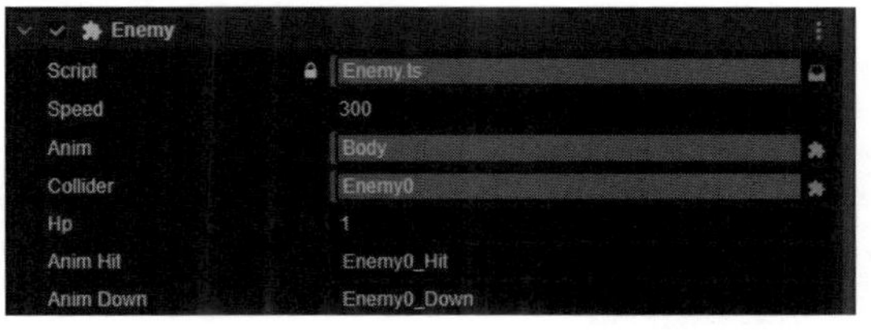

（4）销毁动画实现

选中敌机Body节点添加动画组件，新建剪辑文件Enemy0_Down.anim并保存至Animations文件夹。在动画编辑器中设置两倍播放速度，配置4帧关键帧序列（每10帧切换1帧），第40帧设定为空帧以触发消失效果。该动画需通过脚本手动触发播放，仅在敌机被击中时激活销毁流程。

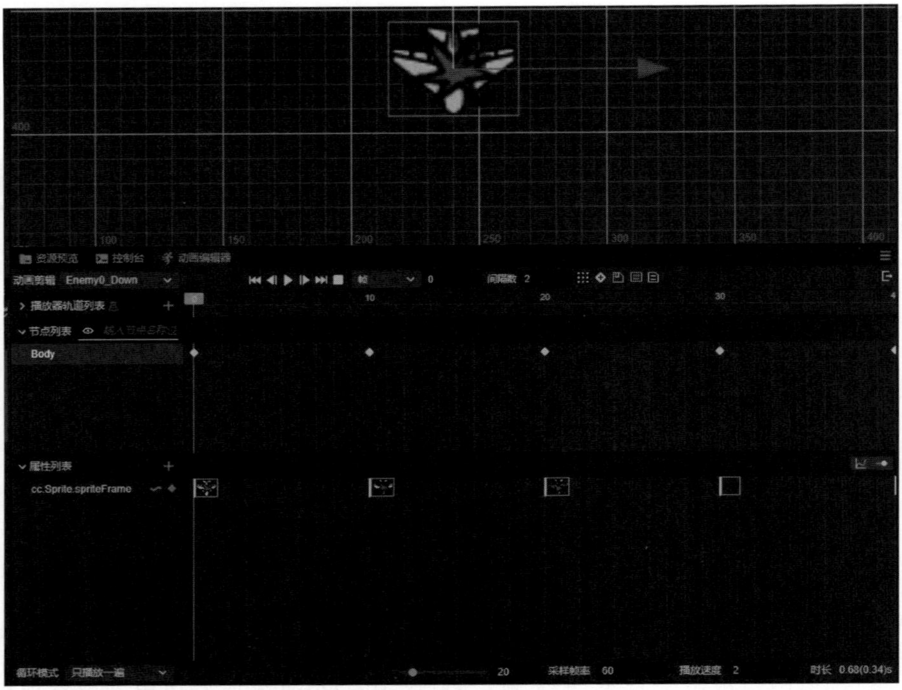


```
// 定义一个属性，用于获取Body节点上的Animation组件
@property(Animation)
anim: Animation = null;

// 新增一个方法，用于播放销毁动画
playDownAnimation() {
    // 检查Animation组件是否存在
    if (this.anim) {
        // 调用Animation组件的play方法，播放销毁动画
        this.anim.play();          }
}
```

（5）动画组件配置

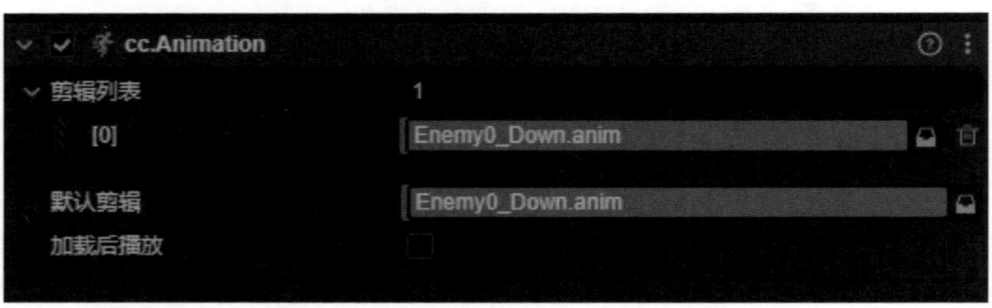

通过拖拽操作将Body节点上的Animation组件赋值至脚本的Anim属性，实现动画播放控制功能。该配置确保脚本能精确地触发敌机动画事件。

（6）多类型敌机开发

系统将包含3种敌机类型（小型、中型、大型），其中中型与大型敌机因为血量高，不会中一发子弹就爆炸，而是只会受伤，所以需额外配置hit动画。

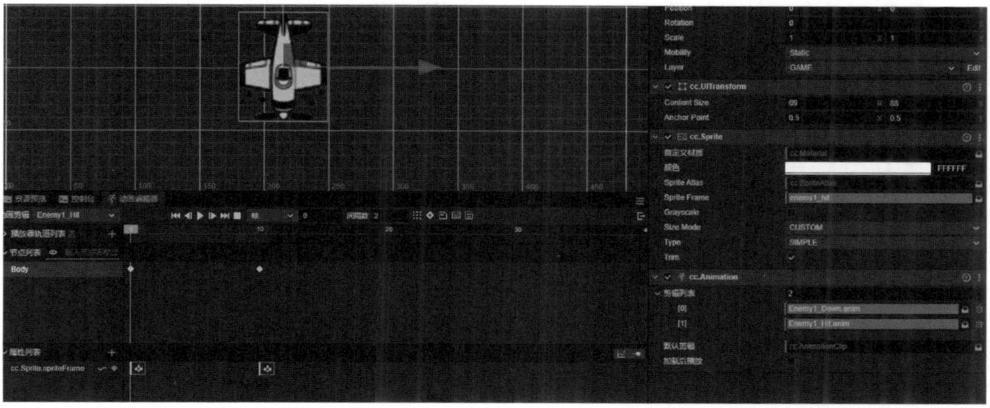

hit动画用于表现被击中的瞬时反馈，其关键帧设计需满足以下条件。

- 末帧状态必须恢复至初始姿态。
- 确保敌机被击中后能继续执行飞行逻辑，Down动画则保留为最终销毁特效。所有敌机类型均需生成Prefab预制体，以支持场景中的批量实例化操作。

5.5.5　敌机生成逻辑

当前已实现3种敌机类型的创建，现需完善其生成控制逻辑。基本规则为：系统将按固定时间间隔随机生成敌机，其中小型敌机生成频率最高，大型敌机生成频率最低，中型敌机介于二者之间。

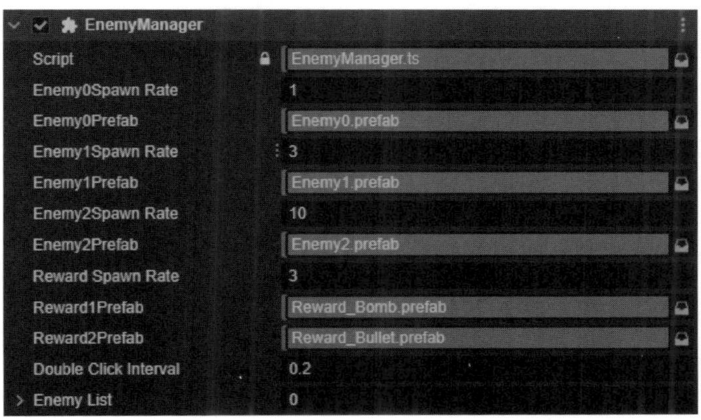

具体实现步骤如下。

首先，创建名为EnemyManager的空节点作为敌机管理容器，所有生成的敌机实例将自动归入该节点层级。

其次，为EnemyManager节点添加EnemyManager.ts脚本，该脚本主要功能如下：

- 敌机生成时序控制。
- 敌机类型随机选择。
- 生成频率差异化配置。

该脚本设计为可扩展架构，后续如需添加敌机行为管理、敌机数量控制等功能，均可在此脚本中实现。

```
// 导入必要的模块
import { _decorator, Component, instantiate, math, Node, Prefab } from 'cc';
const { ccclass, property } = _decorator;

// 定义EnemyManager类
@ccclass('EnemyManager')
export class EnemyManager extends Component {
    // 定义3种敌人的生成频率和预制体
    @property
    enemy0SpawnRate: number = 1; // 敌人0的生成频率（秒）
    @property(Prefab)
    enemy0Prefab: Prefab = null; // 敌人0的预制体

    @property
    enemy1SpawnRate: number = 3; // 敌人1的生成频率（秒）
    @property(Prefab)
    enemy1Prefab: Prefab = null; // 敌人1的预制体

    @property
    enemy2SpawnRate: number = 10; // 敌人2的生成频率（秒）
    @property(Prefab)
    enemy2Prefab: Prefab = null; // 敌人2的预制体

    // 在start方法中启动定时生成敌人
    start() {
        this.schedule(this.enemy0Spawn, this.enemy0SpawnRate); // 定时生成敌人0
        this.schedule(this.enemy1Spawn, this.enemy1SpawnRate); // 定时生成敌人1
        this.schedule(this.enemy2Spawn, this.enemy2SpawnRate); // 定时生成敌人2
    }
```

```
    // 在销毁时取消所有定时器
    protected onDestroy(): void {
        this.unschedule(this.enemy0Spawn);
        this.unschedule(this.enemy1Spawn);
        this.unschedule(this.enemy2Spawn);
    }

    // 生成敌人0
    enemy0Spawn() {
        this.enemySpawn(this.enemy0Prefab, -215, 215, 450); // 调用通用生成方法
    }

    // 生成敌人1
    enemy1Spawn() {
        this.enemySpawn(this.enemy1Prefab, -200, 200, 480); // 调用通用生成方法
    }

    // 生成敌人2
    enemy2Spawn() {
        this.enemySpawn(this.enemy2Prefab, -155, 155, 560); // 调用通用生成方法
    }

    // 通用生成方法
    enemySpawn(enemyPrefab: Prefab, minX: number, maxX: number, y: number) {
        const enemy = instantiate(enemyPrefab); // 实例化敌人预制体
        this.node.addChild(enemy); // 将敌人添加到EnemyManager节点下
        const randomX = math.randomRangeInt(minX, maxX); // 随机生成坐标
        enemy.setPosition(randomX, y, 0); // 设置敌人位置
    }
}
```

运行起来后可以看到，每隔一段时间（例如一秒生成一个），敌人就会被生成出来。如果想要提高游戏难度，可以随着游戏时长的增加，逐渐缩短生成间隔，让敌人生成得更快。

5.5.6　碰撞检测与刚体

目前敌机生成功能已实现。接下来需构建子弹与敌机的碰撞检测系统。在物理交互实现上，存在两种技术方案。

（1）碰撞检测（Collision Detection）

- 物体间产生真实的物理作用力，适用于需要力学反馈的场景。

（2）触发检测（Trigger Detection）

- 仅检测事件，不产生力学作用。
- 符合子弹碰撞需求（不影响敌机运动）。

由于子弹与敌机发生碰撞时不能影响敌机的运动，因此选择使用触发检测。为实现触发检测，需进行以下组件配置。

首先，添加碰撞器（Collider）组件。

- 勾选Is Trigger选项。
- 禁用物理模拟功能。

接着添加刚体（RigidBody）组件。

- 将Type（类型）设为Kinematic。
- 勾选Bullet属性复选框。
- 取消勾选Allow Sleep复选框。

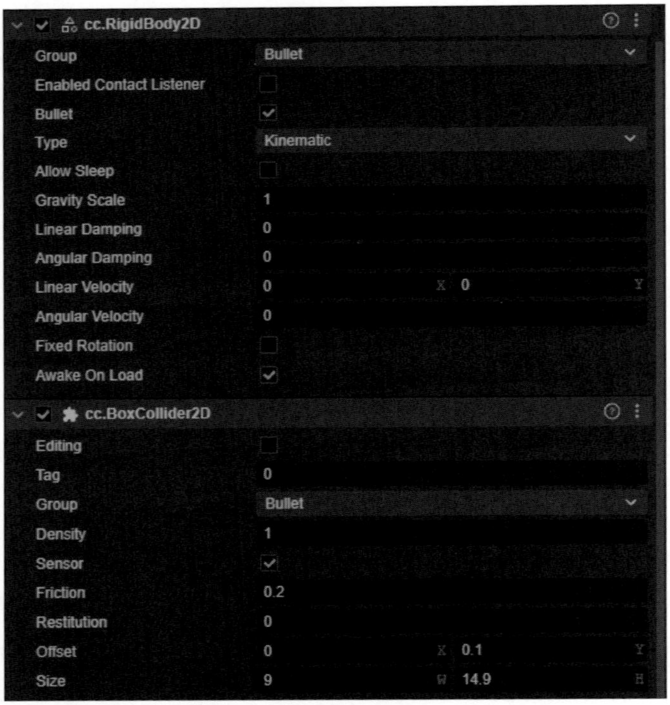

以小型敌机为例，为其添加碰撞检测组件。考虑到小型敌机的几何特征，采用多边形碰撞器（PolygonCollider）组件较为适宜，具体可将其形状调整为三角形。

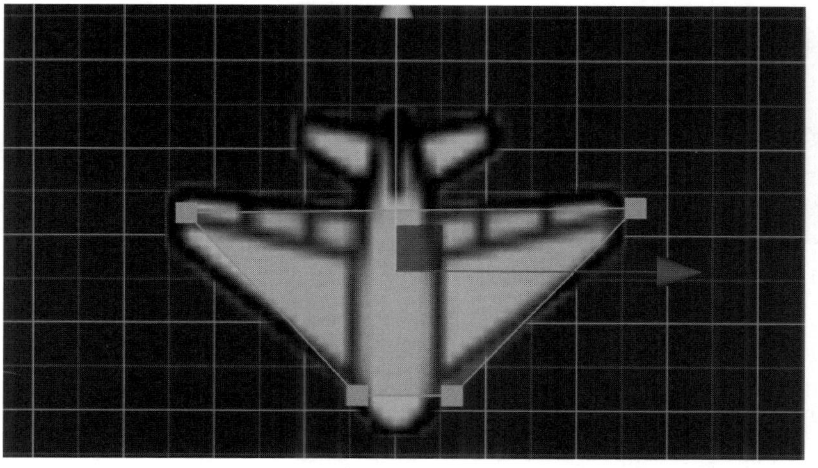

随后需要实现子弹与敌机的碰撞事件处理逻辑。该碰撞检测功能将集成在敌机脚本内部，以便直接调用敌机销毁方法。以下是经过调整的敌机脚本实现代码。

```
start() {
    // 注册碰撞事件回调
    if (this.collider) {
            this.collider.on(Contact2DType.BEGIN_CONTACT, this.onBeginContact,
this);
    }
}

onBeginContact() {
    // 敌机被子弹击中，生命值减1
    this.hp -= 1;
    if (this.hp <= 0) {
        // 如果生命值为0，则播放摧毁动画
        this.anim.play(this.animDown);
        if (this.collider) {
            this.collider.enabled = false; // 禁用碰撞器
        }
        this.scheduleOnce(() => {
            this.node.destroy(); // 延迟销毁敌机节点
        }, 1);
    } else {
        // 如果生命值大于0，则播放被击中的动画
        this.anim.play(this.animHit);
    }
}
```

当子弹与敌机发生碰撞时，系统将自动调用预设的碰撞响应方法。

（3）碰撞隔离机制实现步骤

① 进入项目设置中的物理配置界面。

② 在碰撞矩阵模块中新建两个分组。

- Bullet组（子弹专用）。
- Enemy组（敌机专用）。

③ 设置碰撞规则。

- Bullet组可与Enemy组交互。
- Bullet组内禁止碰撞。
- Enemy组内禁止碰撞。

④ 组件分配。

- 子弹的刚体与碰撞器加入Bullet组。
- 敌机的刚体与碰撞器加入Enemy组。

通过该配置方案，可精确控制物体间的碰撞关系，有效避免非预期的碰撞事件发生。

5.5.7 玩家角色（Player）开发流程

（1）爆炸动画配置

- 动画名称：Player_Blowup。
- 触发条件：角色死亡。
- 全选四帧动画并导入属性列表。
- 通过CC.Sprite组件添加spriteFrame属性。
- 在第40帧位置添加关键帧。
- 关键帧设置：将图像属性置空（实现最终帧隐藏效果）。

动画配置完成后，单击“保存按钮”并关闭动画编辑器界面。此时Player的Body组件将包含两个动画资源：基础动画Player_Idle和特殊动画Player_Blowup。

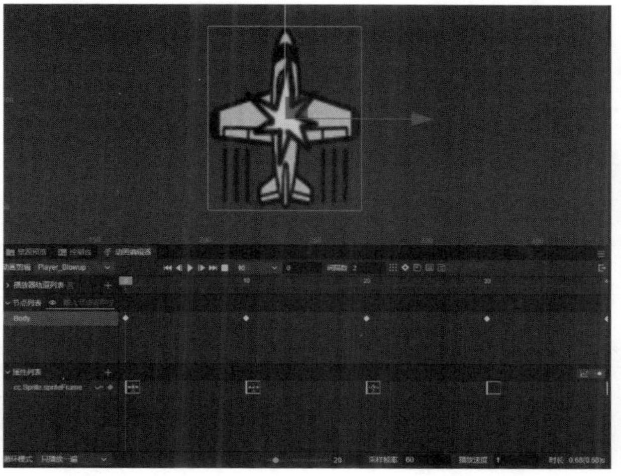

（2）受伤动画配置

为完善角色受伤表现，需要新增Player_Hit动画资源。该动画采用透明度交替变化的闪烁效果，实现受伤视觉反馈，具体配置流程如下。

- 添加cc.Sprite组件的color属性。
- 第1帧：保持完全不透明状态。
- 第10帧：降低透明度（非完全透明）。
- 第20帧：恢复完全不透明状态。
- 第30帧：再次降低透明度。
- 第40帧：恢复完全不透明状态。

（3）碰撞配置

- 添加Polygon Collider组件并勾选Sensor属性复选框。
- 配置Rigidbody组件。
- 启用Enabled Contact Listener。
- 设置Type为Kinematic。
- 取消勾选Allow Sleep复选框。

生命值系统：初始设置为3点，每次碰撞扣除1点。

完成上述设置后，就可以在代码中检测碰撞了。这部分代码的逻辑与敌机的碰撞检测类似。

```
// 当组件加载完成时调用
protected onLoad(): void {
    // 监听触摸移动事件
    input.on(Input.EventType.TOUCH_MOVE, this.onTouchMove, this);
    // 如果碰撞检测组件存在，则监听碰撞事件
    if (this.collider) {
            this.collider.on(Contact2DType.BEGIN_CONTACT, this.onBeginContact,
this);
    }
}

// 碰撞事件处理函数
onBeginContact() {
    // 玩家生命值减1
    this.hp -= 1;
    // 如果生命值小于等于0
    if (this.hp <= 0) {
        // 播放死亡动画
```

```
            this.anim.play(this.animDown);
        } else {
            // 播放受击动画
            this.anim.play(this.animHit);
        }
        // 如果生命值小于等于0，禁用碰撞检测
        if (this.hp <= 0) {
            if (this.collider) {
                this.collider.enabled = false;
            }
        }
    }

    // 触摸移动事件处理函数
    onTouchMove(event: EventTouch) {
        // 如果玩家生命值小于等于0，无法控制
        if (this.hp <= 0) return;
        // 省略部分代码
        ...
    }
```

接下来需要对Player（玩家角色）进行物理碰撞相关的配置。

首先进入项目设置界面，定位到物理系统配置选项。在此处新增一个碰撞检测组别，命名为Player。将该组的碰撞关系配置为仅与Enemy（敌机组）产生碰撞交互。

完成上述配置后，返回Player角色的脚本文件，验证并确认其碰撞组属性已正确设置为Player。通过这样的配置，即可实现玩家角色与敌机之间的碰撞检测功能。

针对玩家受伤后的特殊状态，接下来进一步优化了动画系统的处理逻辑。具体实现是为受伤状态添加了1秒的无敌时间效果。

```
    @property
    invincibleTime: number = 1; // 设置无敌时间为1秒
    invincibleTimer: number = 0; // 用于计时的变量
    isInvincible: boolean = false; // 标记是否处于无敌状态

    onBeginContact() {
        // 如果玩家处于无敌状态，直接返回
```

```
        if (this.isInvincible) return;
        // 设置无敌状态，并重置计时器
        this.isInvincible = true;
        this.invincibleTimer = 0;

        // 减少生命值
        this.hp -= 1;

        // 根据生命值状态播放动画
        if (this.hp <= 0) {
            this.anim.play(this.animDown); // 播放死亡动画
        } else {
            this.anim.play(this.animHit); // 播放受伤动画
        }

        // 如果生命值为0，禁用碰撞检测
        if (this.hp <= 0) {
            if (this.collider) {
                this.collider.enabled = false;
            }
        }
    }
    protected update(dt: number): void {
        // 更新无敌状态的计时器
        if (this.isInvincible) {
            this.invincibleTimer += dt; // 累加时间
            if (this.invincibleTimer >= this.invincibleTime) {
                this.isInvincible = false; // 如果该时间超过无敌时间，取消无敌状态
            }
        }
        // 根据玩家的射击模式，调用对应的射击方法
        switch (this.shootType) {
            case ShootType.OneShoot:
                this.oneShoot(dt); // 单发射击
                break;
            case ShootType.TwoShoot:
                this.twoShoot(dt); // 双发射击
                break;
        }
    }
```

最后，这里还有一个问题：当玩家死亡后，子弹仍然会继续发射。为了避免这种情况，在update方法中添加以下逻辑。

```
    protected update(dt: number): void {
        // 省略部分代码
        // 如果玩家生命值大于0，才允许发射子弹
        if (this.hp > 0) {
            switch (this.shootType) {
                case ShootType.OneShoot:
                    this.oneShoot(dt); // 单发射击
                    break;
                case ShootType.TwoShoot:
```

```
                this.twoShoot(dt); // 双发射击
                break;
            }
        }
    }
```

5.5.8 分数、奖励与生命值

接下来需要创建两种功能各异的奖励物品。这两种奖励物品均配备对应的视觉素材，其图像资源统一存储于Image目录下，具体文件命名为prop_type_0与prop_type_1。

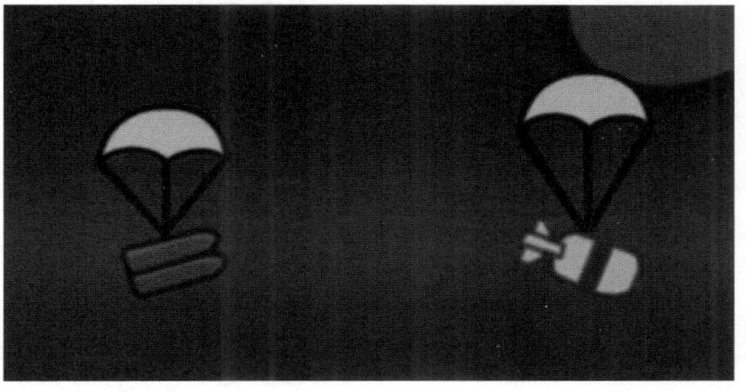

（1）第一种奖励物品（prop_type_0）

- 功能描述：玩家拾取后激活双发子弹效果，显著提升攻击输出能力。
- 视觉表现：采用带降落伞的缓降动画。

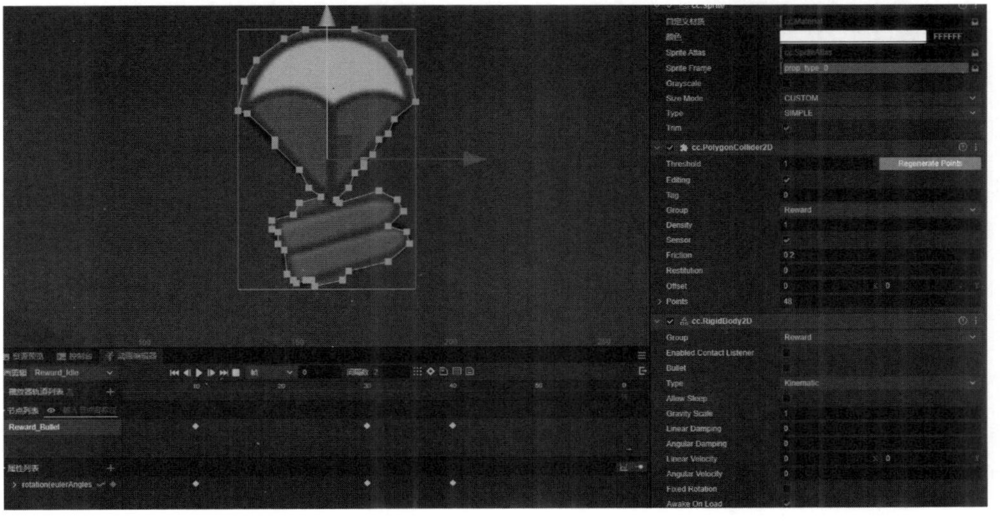

① 将prop_type_0资源拖入场景。

② 重命名为Reward_Bullet以标记功能类型。

③ 添加物理组件。

- 碰撞器：PolygonCollider2D。
- 刚体：配置为Kinematic类型，启用Sensor模式，禁用Allow Sleep选项。

碰撞系统设置如下图所示。

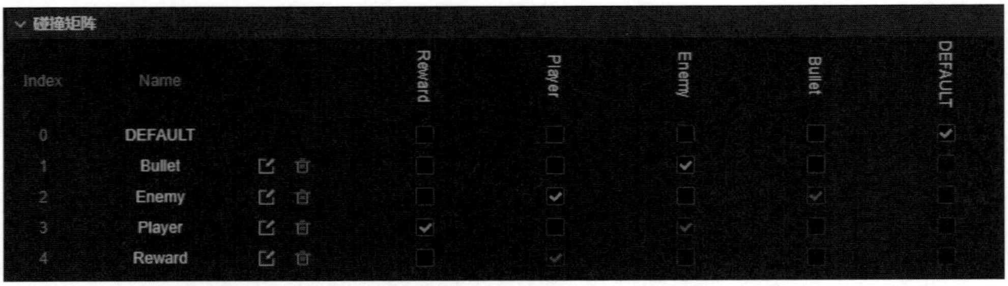

新建专属碰撞组Reward，仅与Player组建立碰撞关系。

（2）第二种奖励物品（prop_type_1）

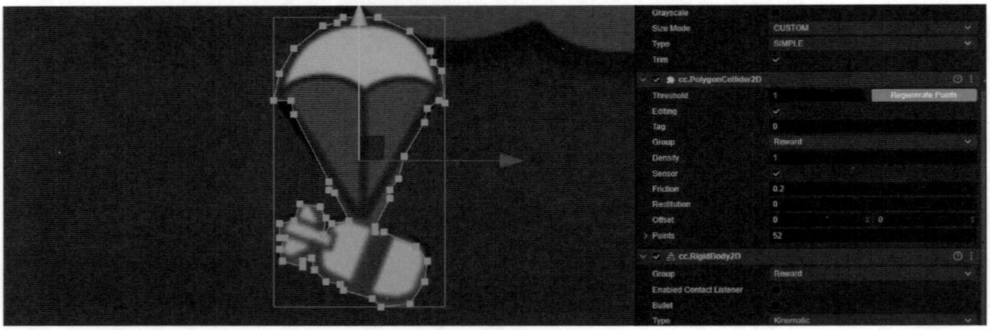

- 功能描述：玩家拾取后获得清屏炸弹，可瞬间消灭全屏敌人。
- 视觉表现：同样采用降落伞缓降效果。
- 运动控制：通过脚本实现垂直下落+水平摇摆的复合运动。

（3）脚本实现

创建Reward.ts脚本文件，绑定至奖励物品对象。

```
// Reward.ts
import { _decorator, Component, Node } from 'cc';
const { ccclass, property } = _decorator;

@ccclass('Reward')
```

```
export class Reward extends Component {
    // 定义奖励物品的下落速度
    @property
    speed: number = 90;

    start() {
        // 初始化时的逻辑（如果有需要）
    }

    update(deltaTime: number) {
        // 每帧更新奖励物品的位置，使其向下移动
        const position = this.node.position;
        this.node.setPosition(position.x, position.y - this.speed * deltaTime,
position.z);
    }
}
```

选择奖励物品Reward_Bullet，进入动画编辑器界面。单击“添加动画组件”按钮，新建一个动画剪辑资源并命名为Reward_Idle。该动画将用于实现奖励物品的水平摆动效果。

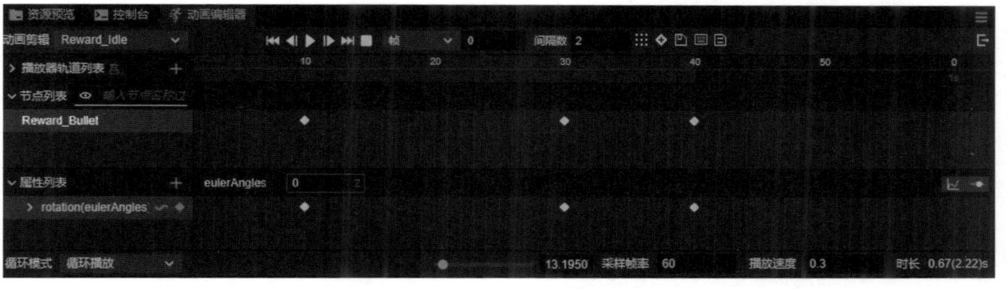

在动画编辑器中，选择rotation（eulerAngles）属性，采用欧拉角参数来控制旋转角度。具体操作步骤如下。

① 在第0帧插入关键帧，设置旋转角度为0°。

② 在第10帧插入关键帧，设置旋转角度为20°。

③ 在第30帧插入关键帧，设置旋转角度为-20°。

④ 在第40帧插入关键帧，将旋转角度重置为0°。

完成动画编辑后，将播放速度调整为0.3倍速，设置循环模式为循环播放，最后保存动画资源。选中Reward_Bullet对象，勾选加载后播放选项以确保动画自动播放。将配置完成的奖励物品保存为预制体资源，便于后续场景复用。

奖励物品Reward_Bomb除了图片不一样，其他物理属性与Reward_Bullet保持一致。当角色与奖励物品发生碰撞时，需要通过类型标识来区分奖励种类。因此，在Reward.ts脚本文件中添加枚举类RewardType，用于定义奖励物品的类型

分类。

```
// 枚举类，定义奖励物品的类型
enum RewardType {
    // 双倍射击奖励
    TwoShoot,
    // 炸弹奖励
    Bomb
}
```

在Reward_Bullet的脚本配置中，将rewardType属性设置为RewardType.TwoShoot。对于Reward_Bomb，将其rewardType属性设置为RewardType.Bomb。完成设置后，将Reward_Bomb保存为Prefab资源以便复用。

将奖励物品的生成逻辑整合到EnemyManager类中。由于奖励物品的生成与敌人的生成逻辑相似，这种集中管理方式便于维护。

在生成奖励物品时，系统会随机选择奖励类型，具体实现代码如下。

```
// 奖励物品生成函数
rewardSpawn() {
    // 生成一个随机整数，范围是0到1（包含0和1）
    const randomInt = math.randomRangeInt(0, 2);
    let prefab = null; // 用于存储选中的奖励物品预制体

    // 根据随机数选择奖励物品的预制体
    if (randomInt === 0) {
        prefab = this.reward1Prefab; // 选择第一种奖励物品
    } else {
        prefab = this.reward2Prefab; // 选择第二种奖励物品
    }

    // 调用敌人生成函数来生成奖励物品
    this.enemySpawn(prefab, -210, 210, 470);
}
```

接着处理Player与奖励的碰撞，首先是与双发子弹的碰撞，代码如下。

```
// 处理奖励碰撞
onRewardContact(reward: Reward) {
    // 根据奖励类型进行处理
    switch(reward.rewardType) {
        case RewardType.TwoShoot: // 双发射击奖励
            this.switchToTwoShoot(); // 切换到双发射击模式
            break;
        case RewardType.Bomb: // 炸弹奖励（暂未实现）
            break;
    }
    // 禁用奖励的碰撞器和精灵组件
    reward.getComponent(Collider2D).enabled = false;
    reward.getComponent(Sprite).enabled = false;
}
```

```
    // 切换到双发射击模式
    switchToTwoShoot() {
        this.twoShootTimer = 0; // 重置双发射击计时器
        this.shootType = ShootType.TwoShoot; // 设置当前射击类型为双发射击
    }

    // 切换到单发射击模式
    switchToOneShoot() {
        this.shootType = ShootType.OneShoot; // 设置当前射击类型为单发射击
    }

    // 双发射击逻辑
    twoShoot(dt: number){
        // 更新双发射击计时器
        this.twoShootTimer += dt;
        if(this.twoShootTimer > this.twoShootTime){
            // 如果双发射击时间结束，则切换回单发射击模式
            this.switchToOneShoot();
        }
    }
```

奖励物品为炸弹，具有特殊的使用机制。当玩家角色与炸弹奖励物品发生碰撞时，炸弹不会立即触发爆炸，而是被系统暂时存储。玩家需要通过双击屏幕来激活使用该炸弹。同时，游戏界面会实时显示玩家当前持有的炸弹数量。

为实现该功能，需要设计炸弹数量的存储方案。虽然可将数据存储在Player类中，但更合理的做法是将此功能集成到GameManager类中。GameManager作为游戏的核心管理器，不仅负责游戏状态的控制（如运行/暂停），还适用于存储全局性数据（如炸弹数量）。

具体实现代码如下。

```
    import { _decorator, Component, Node } from 'cc';
    const { ccclass, property } = _decorator;

    @ccclass('GameManager')
    export class GameManager extends Component {
        // 定义一个静态变量来存储GameManager的单例实例
        private static instance: GameManager;

        // 定义炸弹数量的属性
        @property
        bombNumber: number = 0;

        // 提供一个静态方法来获取GameManager的单例实例
        public static getInstance(): GameManager {
            return this.instance;
        }

        // 在onLoad方法中初始化单例实例
        onLoad() {
```

```
        GameManager.instance = this;
    }

    // 提供一个方法来增加炸弹数量
    addBomb() {
        this.bombNumber += 1;
    }
}
```

接下来需要在Player类中实现炸弹奖励的处理逻辑。当玩家角色与炸弹奖励发生碰撞时，将触发onRewardContact方法。在该方法中，需调用GameManager提供的addBomb接口来更新炸弹数量统计。以下是Player脚本的具体实现代码。

```
// 定义一个变量来记录上一次接触的奖励物品
lastReward: Reward = null;

// 定义一个方法来处理奖励物品的接触事件
onRewardContact(reward: Reward) {
    // 如果当前接触的奖励物品和上次接触的奖励物品相同属于重复碰撞
    if (reward == this.lastReward) {
        return;
    }

    // 更新上次接触的奖励物品
    this.lastReward = reward;

    // 根据奖励物品的类型进行不同的处理
    switch (reward.rewardType) {
        case RewardType.TwoShoot:
            this.switchToTwoShoot(); // 处理双发射奖励
            break;
        case RewardType.Bomb:
            // 调用GameManager的addBomb方法来增加炸弹数量
            GameManager.getInstance().addBomb();
            break;
    }

    // 禁用奖励物品的碰撞检测和显示
    reward.getComponent(Collider2D).enabled = false;
    reward.getComponent(Sprite).enabled = false;
}
```

通过以上设计就实现了炸弹奖励功能。当玩家的主角碰到炸弹时，炸弹数量会增加，并且可以通过双击屏幕使用炸弹。

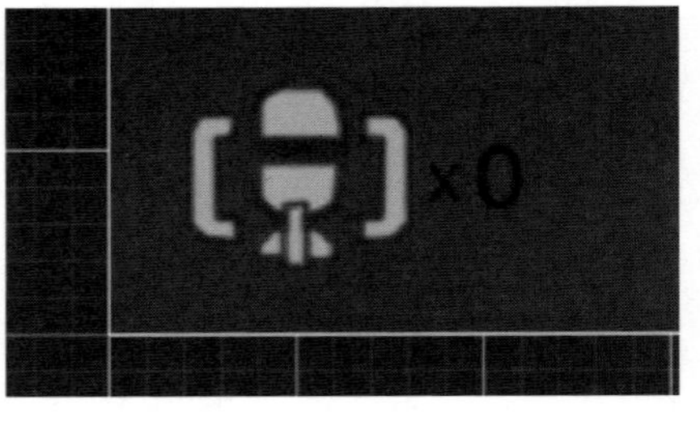

同时，炸弹数量被保存在GameManager中，并将其设计为单例模式，方便在游戏的其他部分访问。

5.6　UI 设计与设置

5.6.1　界面布局

接下来开始UI设计。首先构建用于显示炸弹数量与生命值的UI系统，具体实施步骤如下。

① 创建新的Canvas节点作为UI容器。

② 将新建的Canvas节点命名为Canvas-UI。

③ 对先前创建的Canvas节点进行重命名操作。

④ 将其重命名为Canvas-Game。

⑤ 通过命名规范实现功能区域的明确区分。

该设计通过Canvas节点命名区分游戏场景与UI两个独立的功能区域，确保系统架构的清晰性。

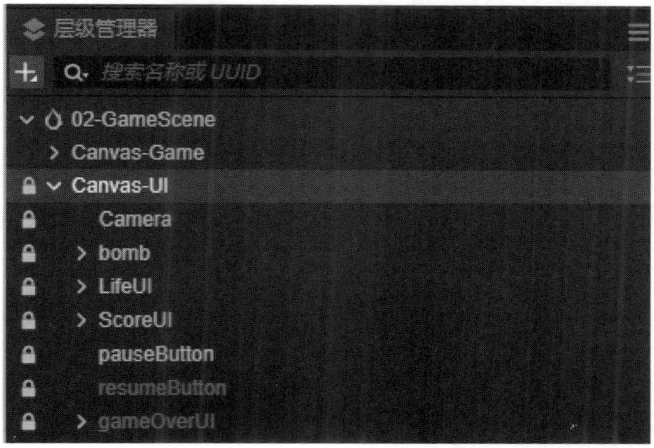

为防止两个Canvas场景的重复渲染冲突，需执行以下分层配置流程。

（1）层级配置

- 选中Canvas-Game节点。
- 在属性面板中定位Layer选项并单击Edit按钮。
- 新建层级，并命名为GAME。

（2）元素层级设置

- 将Canvas-Game及其所有子节点的层级设为GAME。
- 同步更新所有关联Prefab的层级属性。

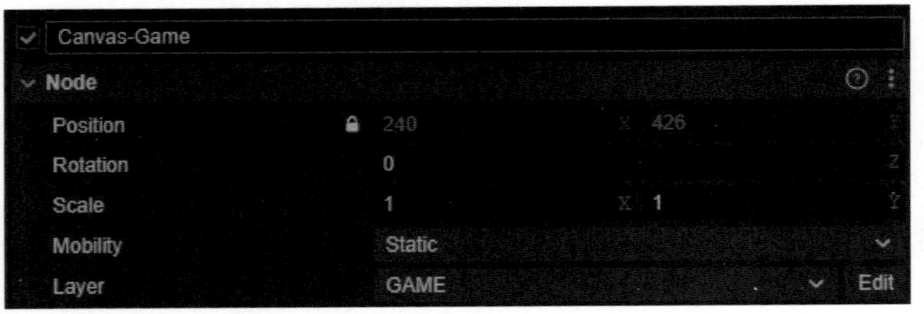

（3）Camera可见性配置

① 选中Canvas-Game下的Camera组件。

② 对Visibility属性进行如下配置。

- 启用GAME层级。
- 禁用UI_2D层级。

该配置通过层级隔离确保游戏场景与UI的独立渲染，避免视觉干扰。

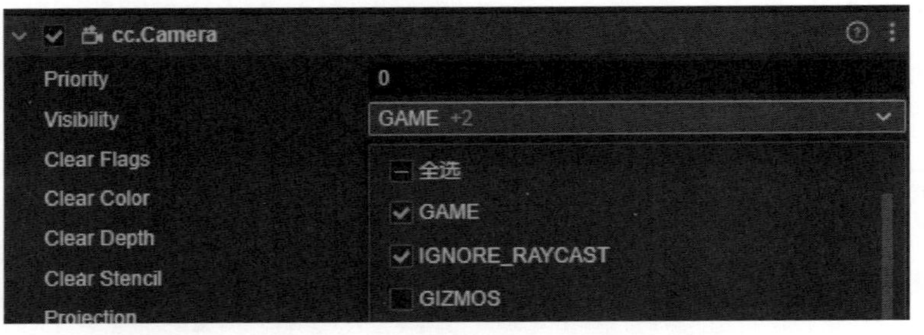

选中Canvas-UI节点下的Camera组件，配置其仅渲染UI_2D层级的元素。具体操作为：在Visibility属性选项中，勾选UI_2D层级，同时取消勾选其余所有层级选项。

5.6.2 炸弹UI

完成上述基本设置后，找到炸弹的图片（bomb.png），将其拖入Canvas-UI中。

（1）图标导入与定位

- 将bomb.png素材拖入Canvas-UI画布。
- 使用对齐工具将炸弹图标锚定至屏幕左下角。

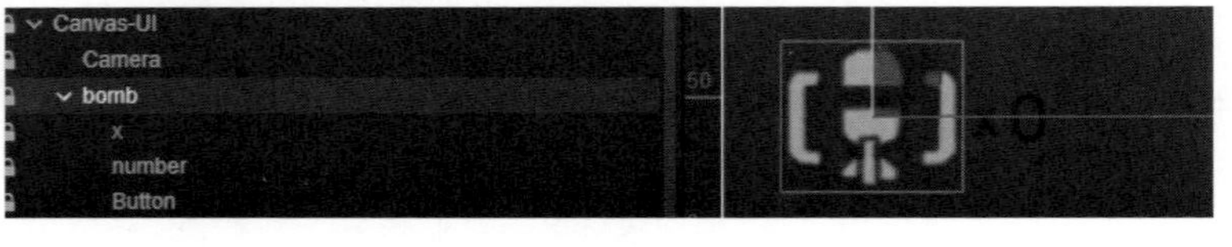

（2）文本组件配置

① 在炸弹图标右侧添加Label组件。

② 设置文本属性。

- 对齐方式：水平左对齐，垂直居中对齐。
- 自动换行：禁用。
- 溢出处理：CLAMP模式。

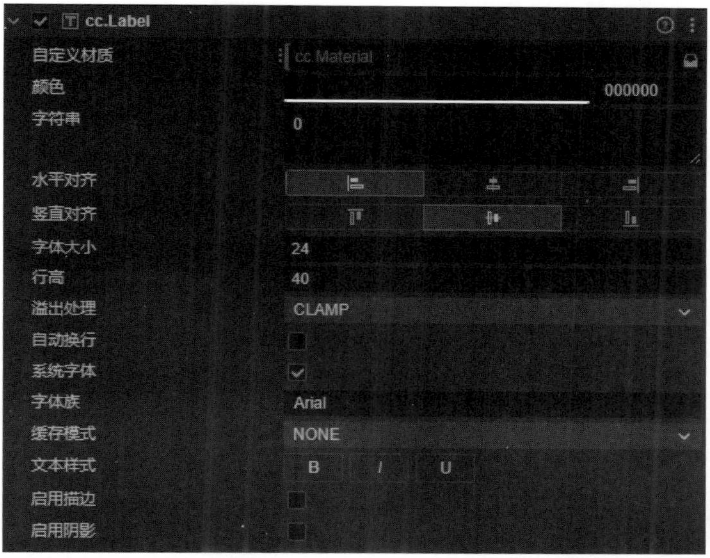

将炸弹图标放置在屏幕的左下角。

（3）自适应布局设置

① 为炸弹图标及文本组件添加Widget组件。

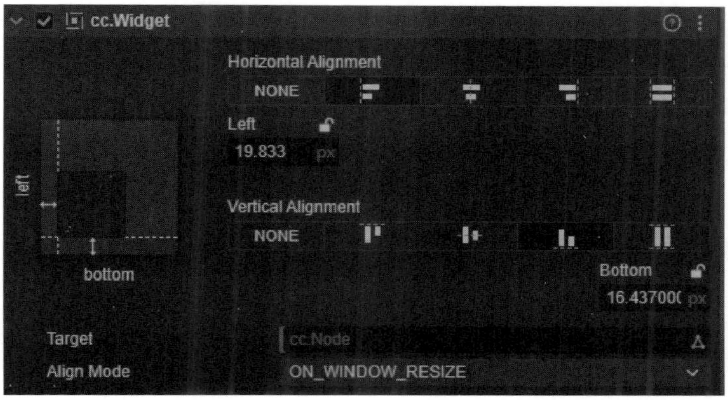

② 配置Widget参数确保元素满足以下条件。

- 保持左下角锚定。
- 适配不同的屏幕尺寸。

当玩家在游戏中捡到炸弹时，可以通过代码更新UI中的炸弹数量，具体实现代码如下。

```
import { _decorator, Component, Label, Node } from 'cc';
const { ccclass, property } = _decorator;

// 定义一个名为BombUI的类，用于更新炸弹数量的UI显示
@ccclass('BombUI')
export class BombUI extends Component {
    // 定义一个Label类型的属性numberLabel，用于显示炸弹数量
    @property(Label)
    numberLabel: Label = null;

    // 定义一个方法updateUI，用于更新炸弹数量的显示
    updateUI(count: number) {
        // 将传入的炸弹数量转换为字符串，并赋值给numberLabel的string属性，从而更新UI显示
        this.numberLabel.string = count.toString();
    }
}
```

将BombUI类绑定至炸弹相关节点，并准确配置numberLabel属性以关联对应的Label组件。

随后在GameManager需要更新炸弹数量时，即可通过调用bombUI.updateUI方法同步更新UI显示。

```
this.bombUI.updateUI(this.bombNumber);
```

（4）使用炸弹的事件处理流程如下。

- 检测炸弹库存的有效性。
- 触发全局敌人的爆炸效果。

具体实现步骤如下。

① 在EnemyManager中定义敌人数组。

```
@property([Node])
enemyList: Node[] = [];
```

② 完善Enemy类中的销毁逻辑。

```
// 敌人死亡的方法
die() {
    if (this.isDead) return; // 如果已经死亡，直接返回
    this.anim.play(this.animDown); // 播放死亡动画
    GameManager.getInstance().addScore(this.score); // 增加分数
    if (this.collider) { // 如果有碰撞器
        this.collider.enabled = false; // 禁用碰撞器
    }

    this.scheduleOnce(() => { // 延迟1秒后销毁敌人节点
        this.node.destroy();
    }, 1);
    this.isDead = true; // 标记为已死亡
}
```

③ 实现炸弹使用逻辑。

```
// 使用炸弹的处理方法
onDoubleClick() {
    if (GameManager.getInstance().hasBomb()) { // 判断是否有炸弹
        GameManager.getInstance().useBomb(); // 使用炸弹
        for (let enemy of this.enemyList) { // 遍历所有敌人
            enemy.getComponent(Enemy).die(); // 调用敌人的死亡方法
        }
    }
}
```

这样就完成了双击事件的处理，实现了使用炸弹让所有敌人发生爆炸的功能。

5.6.3　生命值UI

生命值数据存储于Player类内，需要通过专用UI组件进行可视化展示，其实现方式与炸弹数值显示机制类似。

具体实现步骤如下。

（1）资源创建

- 在游戏资源管理器界面单击鼠标右键。
- 选择“创建新图片资源”。
- 将该资源命名为LifeUI，作为生命值UI的视觉呈现载体。

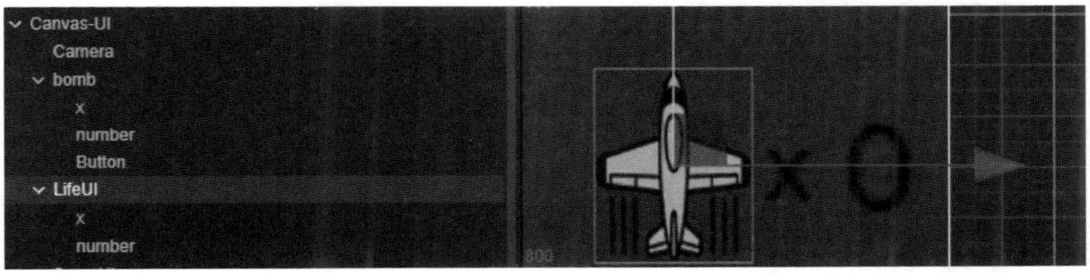

（2）UI定位配置

接下来需要将生命值UI定位至屏幕右上角显示。为此，需要为LifeUI添加Widget组件，并将其对齐方式配置为“右对齐”和“上对齐”。

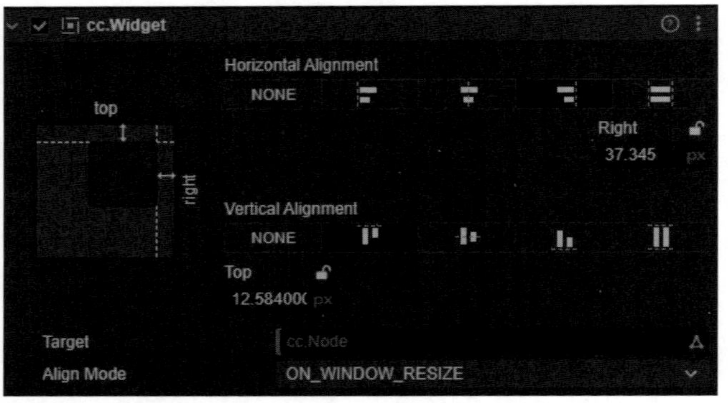

（3）脚本文件创建

创建名为LifeUI.ts的新脚本文件，并在其中编写相应的代码。

```
// 导入必要的模块
import { _decorator, Component, Label, Node } from 'cc';
const { ccclass, property } = _decorator;

// 定义LifeUI类，继承自Component
@ccclass('LifeUI')
export class LifeUI extends Component {
    // 使用@property装饰器声明一个Label类型的numberLabel属性，用于显示生命值数字
    @property(Label)
    numberLabel: Label = null;

    // 定义updateUI方法，用于更新生命值UI的显示内容
    updateUI(count: number) {
        // 将传入的生命值数字转换为字符串，并赋值给numberLabel的string属性，从而更新
UI显示
        this.numberLabel.string = count.toString();
    }
}
```

由于生命值数据存储于Player类中，因此需要在Player类中调用LifeUI的updateUI方法以实现生命值UI的动态更新。具体实现方式如下。

- 建立Player类与LifeUI的关联。
- 当Player类生命值发生变更时自动触发LifeUI.updateUI方法调用。
- 确保UI显示与数据同步。

该实现方案通过Player类与LifeUI组件的直接交互，保证了生命值数据的实时可视化呈现。

5.6.4　分数UI

在游戏开发过程中，分数显示功能是必不可少的，而该功能需要在GameManager类中实现分数管理机制。具体实现方案如下。

（1）分数存储

首先在GameManager类中声明一个名为score的变量，将其数据类型设置为number类型，并赋予初始值0分。

（2）分数更新

提供一个专门用于分数增加的方法，以规范分数变更操作。

（3）属性封装

为了便于在属性面板中实时观察分数的变化情况，建议将score变量通过@property装饰器设置为属性，同时将其设为私有属性，这样可以有效防止外部代码直接修改分数值，确保分数变更的可控性和安全性。

```
@property
private score: number = 0; // 私有变量，存储当前分数

// 方法：增加分数
public addScore(s: number) {
    this.score += s; // 将传入的分数加到当前分数上
}
```

分数增加机制的具体实施步骤如下。

（1）分数触发条件

敌方飞机被击毁时触发分数增加机制，判定标准为飞机血量小于或等于0。该逻辑应在Enemy类中实现。

（2）实现分数增加

通过Enemy类的onBeginContact方法检测击毁条件，满足条件时调用GameManager的addScore方法执行分数增加操作。为区分不同飞机的分值，需要在Enemy类中新增score属性，具体分值设置为：小型飞机10分，中型飞机20分，大型飞机100分。

（3）分数显示构建

在游戏场景中，创建ScoreUI空节点作为显示区域，定位至界面左上角。为该节点添加Widget组件并设置左上角锚点，最后配置文本组件用于实时显示分数，可参照LifeUI的number组件实现方案。

编写脚本ScoreUI.ts，用于更新分数显示。

```
import { _decorator, Component, Label, Node } from 'cc';
const { ccclass, property } = _decorator;

@ccclass('ScoreUI')
export class ScoreUI extends Component {
    @property(Label)
    numberLabel: Label = null; // 用于显示分数的文本标签

    // 方法：更新分数显示
    updateUI(count: number) {
        this.numberLabel.string = count.toString(); // 将分数转换为字符串并显示
    }
}
```

将ScoreUI.ts脚本挂载到ScoreUI节点上。

回到GameManager，添加一个scoreUI属性，用于引用显示分数的UI。

```
// 方法：增加分数
public addScore(s: number) {
    this.score += s; // 将传入的分数加到当前分数上
    this.scoreUI.updateUI(this.score); // 更新分数显示
}
```

这样就可以正确更新分数并显示在游戏界面上了。

5.6.5 游戏暂停UI

游戏界面暂停功能的实现方案如下。

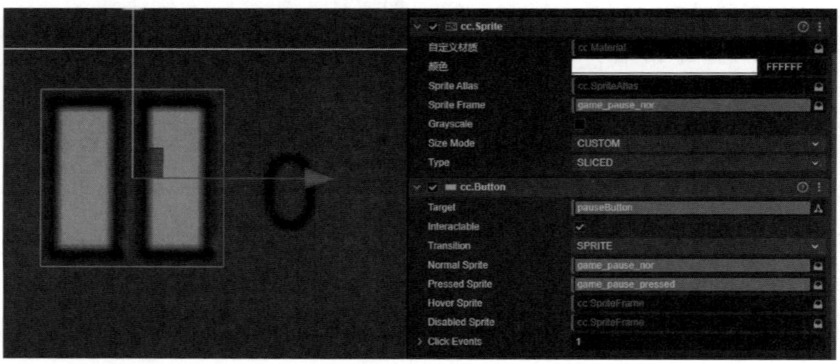

（1）创建与配置按钮

- 创建暂停按钮节点pauseButton，设置位置为左上角（与分数显示区域相邻）。
- 配置按钮状态图片：正常状态使用game_pause_nor，按下状态使用game_pause_pressed。
- 设置按钮尺寸为40×40，移除或隐藏文字标签。

（2）实现继续按钮

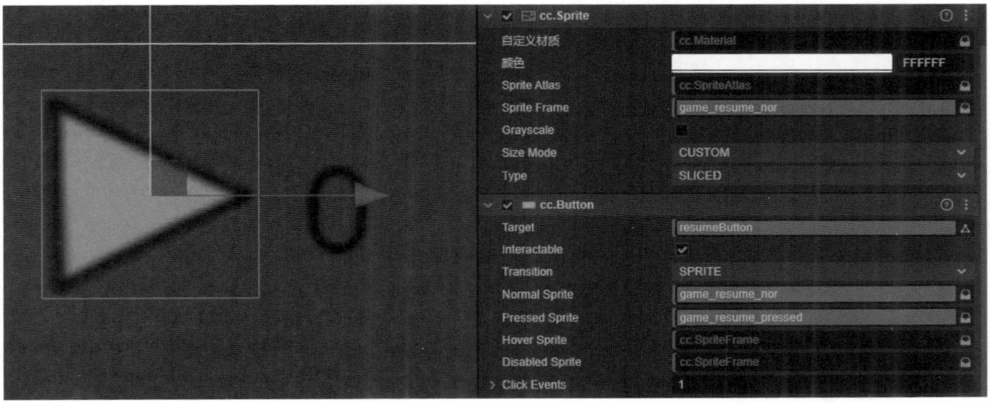

- 创建继续按钮节点resumeButton，与pauseButton位置相同。
- 配置按钮状态图片：正常状态使用game_resume_nor，按下状态使用game_resume_pressed。
- 设置按钮尺寸为40×40，移除或隐藏文字标签。
- 默认显示暂停按钮，通过互斥逻辑控制按钮可见性。

（3）实现功能控制

- 按钮单击事件由GameManager统一处理。
- 使用director.pause方法实现游戏暂停。
- 通过Player类中的canControl变量控制玩家输入响应。
- 解决游戏暂停时玩家仍能移动的问题。

```
@ccclass('Player')
export class Player extends Component {
    // 是否可以控制玩家运动的标志
    canControl: boolean = true;

    // 触摸移动事件处理函数
    onTouchMove(event: EventTouch) {
```

```
        // 如果不能控制，则直接返回，不执行后续的移动逻辑
        if (!this.canControl) return;
        // 省略其他移动逻辑代码
    }

    // 禁用玩家控制
    disableControl() {
        this.canControl = fase;
    }

    // 启用玩家控制
    enableControl() {
        this.canControl = true;
    }
}
```

（4）管理按钮引用

- GameManager类需持有Player组件引用。
- 分别引用暂停按钮节点pauseButton和继续按钮节点resumeButton。

（5）状态控制逻辑

① 单击暂停按钮时

- 调用director.pause暂停游戏。
- 通过player.disableControl禁用玩家控制。
- 隐藏暂停按钮并显示继续按钮。

② 单击继续按钮时

- 调用director.resume恢复游戏。
- 通过player.enableControl启用玩家控制。
- 隐藏继续按钮并显示暂停按钮。

```
@ccclass('GameManager')
export class GameManager extends Component {
    // 引用Player组件
    @property(Player)
    player: Player = null;

    // 引用暂停按钮节点
    @property(Node)
    pauseButton: Node = null;

    // 引用继续按钮节点
    @property(Node)
    resumeButton: Node = null;

    // 暂停按钮单击事件处理函数
    onPauseButtonClick() {
        // 暂停游戏
```

```
        director.pause();
        // 禁用玩家控制
        this.player.disableControl();
        // 隐藏暂停按钮
        this.pauseButton.active = false;
        // 显示继续按钮
        this.resumeButton.active = true;
    }

    // 继续按钮单击事件处理函数
    onResumeButtonClick() {
        // 恢复游戏
        director.resume();
        // 启用玩家控制
        this.player.enableControl();
        // 隐藏继续按钮
        this.resumeButton.active = false;
        // 显示暂停按钮
        this.pauseButton.active = true;
    }
    // 省略其他代码
}
```

（6）实现事件绑定

- 为暂停按钮绑定onPauseButtonClick处理函数。

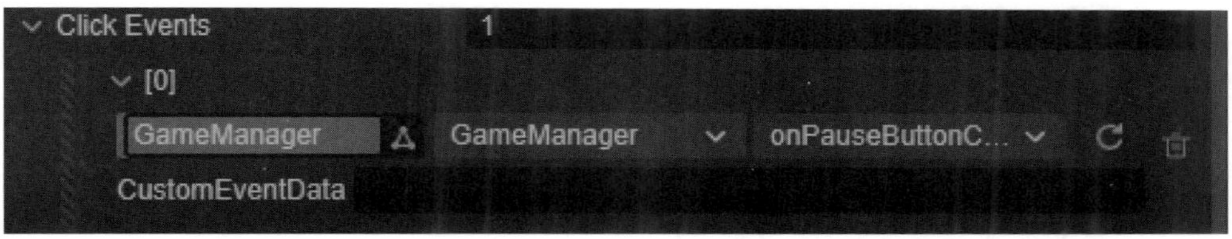

- 为继续按钮绑定onResumeButtonClick处理函数。

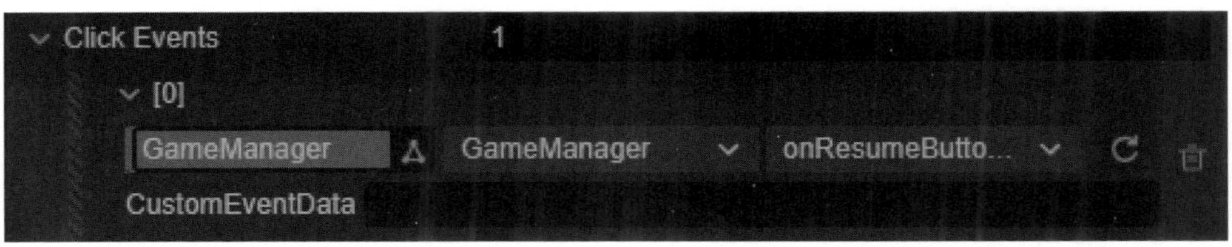

5.6.6　游戏结束UI

游戏结束界面的实现方案如下。

（1）创建界面元素

- 创建gameOverUI节点，加载gameover.png图片作为背景。

· 添加highestScore文本组件，设置红色字体和大字号。

· 复制组件以创建currentScore文本组件，显示当前得分。

（2）功能按钮配置

· 添加restartButton按钮组件，配置重新开始游戏的图片。

· 复制组件以创建quitButton按钮组件，配置退出按钮图片。

· 调整两个按钮的尺寸和位置。

（3）布局结构

· highestScore与currentScore纵向排列。

· restartButton与quitButton纵向排列。

· 所有元素均位于gameOverUI背景层上。

（4）游戏结束界面的功能实现

· 数据更新控制。

◎ 实现历史最高分和最终得分的实时更新功能。

◎ 确保分数数据在界面中显示时的准确性和及时性。

· 界面状态管理。

◎ 默认状态下保持游戏结束界面为隐藏状态。

◎ 动态控制游戏结束界面的显示与隐藏逻辑。

· 脚本功能实现。

◎ 创建GameOverUI脚本组件。

◎ 负责处理界面显示控制。

◎ 管理分数数据的更新与展示。

```
import { _decorator, Component, Label, Node } from 'cc';
const { ccclass, property } = _decorator;

@ccclass('GameOverUI')
export class GameOverUI extends Component {
    @property(Label)
    highestScoreLabel: Label = null; // 历史最高分文本标签

    @property(Label)
    currentScoreLabel: Label = null; // 当前得分文本标签
```

```
    // 显示游戏结束界面，并更新分数
    showGameOverUI(hscore: number, cscore: number) {
        // 显示游戏结束界面
        this.node.active = true;
        // 更新历史最高分
        this.highestScoreLabel.string = `${hscore}`;
        // 更新当前得分
        this.currentScoreLabel.string = `${cscore}`;
    }
}
```

在GameManager中调用GameOverUI的方法来显示游戏结束界面，并暂停游戏。

```
// 游戏结束方法
gameOver() {
    // 暂停游戏
    this.onPauseButtonClick();
    // 显示游戏结束界面，并更新分数
    this.gameOverUI.showGameOverUI(highestScore, this.score);
}
```

当玩家的血量为0时，需要在播放完玩家死亡的动画后再显示游戏结束界面，因此需要使用定时器延迟调用。

以下是Player的相关代码及注释。

```
if (this.hp <= 0) {
    // 禁用碰撞检测（避免重复触发）
    if (this.collider) {
        this.collider.enabled = false;
    }
    // 延迟0.4 秒后调用游戏结束逻辑
    this.scheduleOnce(() => {
        this.gameManager.gameOver();
    }, 0.4);
}
```

在Player的onEnemyContact方法中使用了scheduleOnce方法来延迟调用gameManager.gameOver()。0.4 秒的延迟时间可以根据实际动画时长进行调整。

```
onEnemyContact() {
        if(this.isInvicible) return;
        this.isInvicible = true;
        this.invincibleTimer = 0
        this.hp -= 1;
        this.lifeUI.updateUI(this.hp);
        if(this.hp <= 0){
            this.anim.play(this.animDown);
        }else{
            this.anim.play(this.animHit);
        }
        if(this.hp <= 0){
```

```
                if(this.collider){
                    this.collider.enabled = false;
                }
                this.scheduleOnce(() => {
                    GameManager.getInstance().gameOver();
                }, 0.4)
            }
        }
```

在游戏开发中实现历史最高分功能时，需要建立完善的分数记录机制。当玩家当前得分超过历史最高分时，系统将自动更新本地存储中的最高分记录。这一功能通过浏览器提供的localStorage API实现，该API能够持久化保存数据，确保玩家再次进入游戏时仍能保留其最佳成绩。

具体实现时，系统会在游戏结束时自动比较当前得分与存储的历史最高分。若当前得分更高，则使用localStorage.setItem方法更新纪录。游戏启动时，则通过localStorage.getItem方法读取历史最高分，若未找到记录则自动初始化为0分。

```
    // 游戏结束方法
    gameOver() {
        // 暂停游戏
        this.onPauseButtonClick();

        // 从本地存储中读取历史最高分
        let hscore = sys.localStorage.getItem('highestScore');
        if (!hscore) {
            // 如果没有历史最高分，则初始化为0
            hscore = 0;
        } else {
            // 将字符串转换为数字
            hscore = parseInt(hscore);
        }

        // 比较当前得分是否超过历史最高分
        if (this.score > hscore) {
            // 更新本地存储中的历史最高分
            sys.localStorage.setItem('highestScore', this.score.toString());
            // 更新历史最高分变量
            hscore = this.score;
        }

        // 显示游戏结束界面，并更新分数
        this.gameOverUI.showGameOverUI(hscore, this.score);
    }
```

5.6.7 游戏重新开始的功能

游戏结束界面的功能实现涉及两个核心按钮的功能设计。重新开始按钮的主要功能是触发游戏场景的重新加载，使玩家能够立即开启新的游戏对局。退出游戏按钮的实现则需考虑平台差异，在Web平台和小游戏平台环境下通常无须特殊处理逻辑。这两个按钮的单击事件处理方法应在GameManager类中进行统一实现，并通过事件注册机制与界面按钮建立关联。

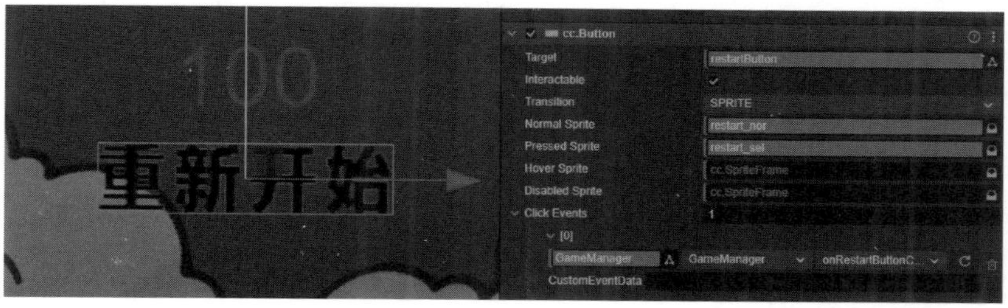

其中，重新开始按钮的处理方法onRestartButtonClick需要完成游戏场景的重新加载操作，同时确保游戏状态得到正确重置。

```
onRestartButtonClick() {
    // 重新加载当前场景
    director.loadScene(director.getScene().name);

    // 在场景加载完成后，调用onResumeButtonClick方法恢复游戏状态
    this.onResumeButtonClick();
}
```

退出游戏按钮则根据平台特性进行差异化处理，在Web平台和小游戏平台环境中通常无须特殊实现。这两个按钮的点击事件处理方法均需在GameManager类中完成开发，并通过事件绑定机制与界面按钮建立关联。

5.7　音效集成

游戏音频系统包含两种主要类型：背景音乐和音效。背景音乐采用循环播放模式，主要用于营造游戏氛围；音效则为触发式播放，用于反馈游戏内的特定事件。

（1）音频管理器实现

采用Cocos Creator官方提供的全局音频管理方案。创建AudioMgr.ts单例脚本，该脚本具有全局访问特性，可统一管理所有音频资源的加载、播放和控制。

（2）代码结构设计

AudioMgr.ts脚本遵循单例模式设计，确保游戏项目中仅存在一个音频管理器实例。通过该脚本可实现背景音乐的循环播放控制，以及音效的即时触发播放功能。

```
// AudioMgr.ts
import { Node, AudioSource, AudioClip, resources, director } from 'cc';

/**
 * @en
 * This is a singleton class for audio playback, which can be easily called
from anywhere in your project.
 * @zh
 * 这是一个用于播放音频的单例类，可以很方便地在项目的任何地方调用。
 */
export class AudioMgr {
    private static _inst: AudioMgr; // 单例实例

    public static get inst(): AudioMgr {
        if (this._inst == null) {
            this._inst = new AudioMgr();
        }
        return this._inst;
    }

    private _audioSource: AudioSource; // 用于播放音频的AudioSource组件

    constructor() {
        // 创建一个节点作为音频管理器
        let audioMgr = new Node();
        audioMgr.name = '__audioMgr__';

        // 将节点添加到场景中
        director.getScene().addChild(audioMgr);

        // 将该节点标记为常驻节点，这样在场景切换时不会被销毁
        director.addPersistRootNode(audioMgr);

        // 添加AudioSource组件用于播放音频
        this._audioSource = audioMgr.addComponent(AudioSource);
    }

    public get audioSource() {
        return this._audioSource;
    }

    /**
     * @en
     * Play short audio, such as strikes, explosions.
     * @zh
     * 播放短音频，例如打击音效、爆炸音效等。
     * @param sound AudioClip或者音频文件的URL
     * @param volume音量，默认为1.0
     */
    playOneShot(sound: AudioClip | string, volume: number = 1.0) {
        if (sound instanceof AudioClip) {
            this._audioSource.playOneShot(sound, volume);
        } else {
            resources.load(sound, (err, clip: AudioClip) => {
                if (err) {
                    console.error(err); // 如果加载失败，打印错误信息
```

```
                } else {
                    this._audioSource.playOneShot(clip, volume);
                }
            });
        }
    }

    /**
     * @en
     * Play long audio, such as background music.
     * @zh
     * 播放长音频，例如背景音乐。
     * @param sound AudioClip或者音频文件的URL
     * @param volume音量，默认为1.0
     */
    play(sound: AudioClip | string, volume: number = 1.0) {
        if (sound instanceof AudioClip) {
            this._audioSource.stop(); // 停止当前播放的音频
            this._audioSource.loop = true; // 设置为循环播放
            this._audioSource.clip = sound; // 设置音频剪辑
            this._audioSource.play(); // 开始播放
            this.audioSource.volume = volume; // 设置音量
        } else {
            resources.load(sound, (err, clip: AudioClip) => {
                if (err) {
                    console.error(err); // 如果加载失败，打印错误信息
                } else {
                    this._audioSource.stop();
                    this._audioSource.clip = clip;
                    this._audioSource.play();
                    this.audioSource.volume = volume;
                }
            });
        }
    }

    /**
     * Stop the audio playback.
     */
    stop() {
        this._audioSource.stop();
    }

    /**
     * Pause the audio playback.
     */
    pause() {
        this._audioSource.pause();
    }

    /**
     * Resume the audio playback.
     */
    resume() {
        this._audioSource.play();
    }
}
```

（3）背景音乐播放策略

- 敌机飞行音乐采用AudioSource组件播放。
- 主背景音乐通过AudioMgr管理播放。

（4）敌机音乐实现

- 将音频文件big_spaceship_flying.mp3挂载至敌机脚本。
- 设置Play On Awake为true。
- 调整音量至适宜的水平。

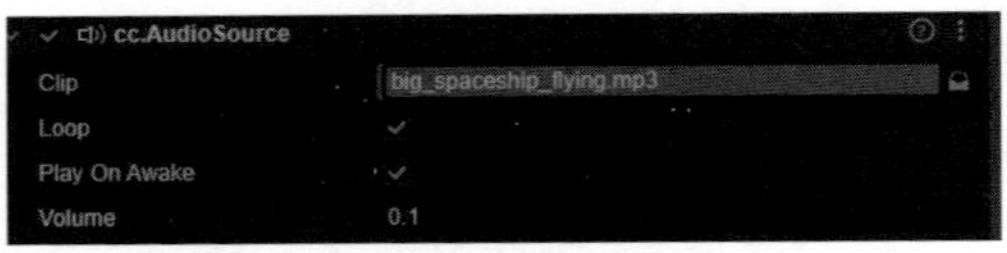

（5）主音乐管理

- 在GameManager.ts中添加AudioClip属性。
- 通过start方法调用AudioMgr.inst.play。

```
// GameManager.ts
@property(AudioClip)
bgMusic: AudioClip = null;

start() {
    if (this.bgMusic) {
        AudioMgr.inst.play(this.bgMusic, 0.2); // 播放背景音乐，设置音量为0.2
    }
    // 省略其他代码
}
```

（6）背景音乐配置

- 将game_music.mp3文件挂载至GameManager的bgMusic属性。

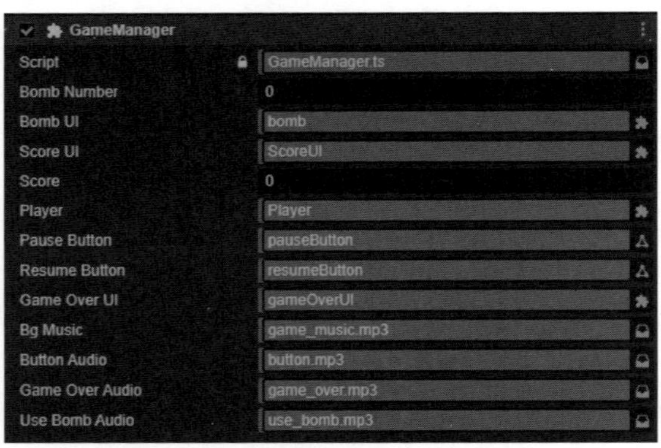

- 确保游戏启动时自动播放背景音乐。

（7）子弹音效实现

- 在Player脚本中添加音效文件，设置Bullet Audio为achievement.mp3。

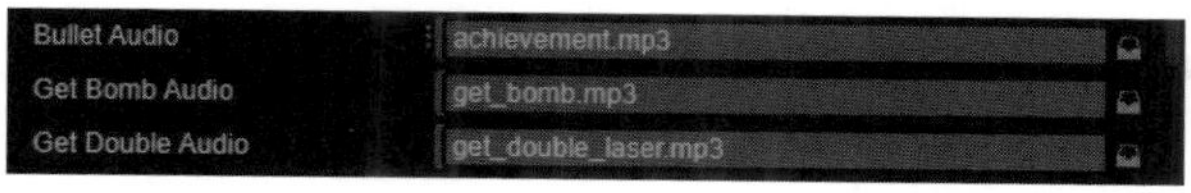

- 使用AudioMgr.inst.playOneShot方法播放音效。
- 设置音效播放间隔为0.1秒。

（8）按钮音效处理

修改GameManager脚本实现按钮单击音效。

为暂停、恢复和重启操作添加音效反馈。

确保音效与游戏操作逻辑同步。

```
// GameManager.ts
@property(AudioClip)
buttonAudio: AudioClip = null; // 按钮单击音效

onPauseButtonClick() {
    AudioMgr.inst.playOneShot(this.buttonAudio); // 播放按钮单击音效
    // 省略其他代码
}

onResumeButtonClick() {
    AudioMgr.inst.playOneShot(this.buttonAudio); // 播放按钮单击音效
    // 省略其他代码
}

onRestartButtonClick() {
    AudioMgr.inst.playOneShot(this.buttonAudio); // 播放按钮单击音效
    // 省略其他代码
}
```

（9）击毁敌机音效

敌机被击毁时需要播放相应的音效。为了实现这一功能，可以为不同类型的敌机配置不同的音效文件，如enemy0_down.mp3、enemy1_down.mp3和enemy2_down.mp3。这些音效文件将根据敌机类型进行区分播放。

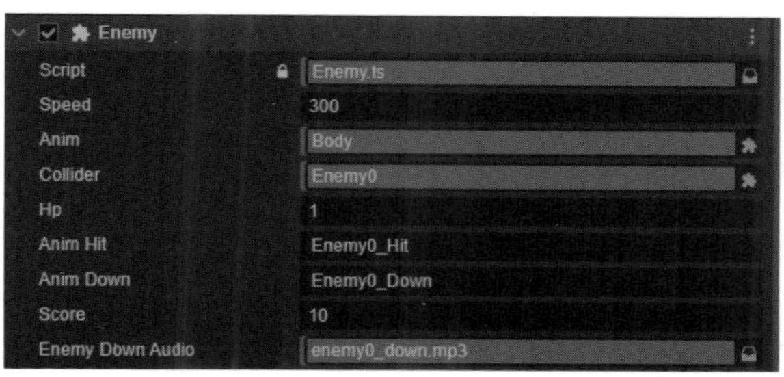

具体实现方式是通过修改Enemy.ts脚本，在敌机被击毁的事件触发时调用音效播放功能。

```
// Enemy.ts
@property(AudioClip)
enemyDownAudio: AudioClip = null; // 敌机被销毁的音效

die() {
    // 省略其他代码
    AudioMgr.inst.playOneShot(this.enemyDownAudio); // 播放敌机被销毁的音效
}
```

将不同的敌机类型对应的音效文件绑定至Enemy脚本的enemyDownAudio属性，确保敌机被击毁时播放正确的音效。

（10）背景音乐控制

在GameManager中添加背景音乐控制逻辑，游戏暂停时需暂停背景音乐播放，游戏恢复时需继续播放背景音乐。

```
// GameManager.ts
onPauseButtonClick() {
    AudioMgr.inst.pause(); // 暂停背景音乐
    // 省略其他代码
}

onResumeButtonClick() {
    AudioMgr.inst.resume(); // 恢复背景音乐
    // 省略其他代码
}
```

（11）游戏结束音效。

当游戏失败时，还需要播放一个特定的音效game_over.mp3。

```
// GameManager.ts
gameOver() {
    // 省略其他代码
    AudioMgr.inst.playOneShot(this.gameOverAudio); // 播放游戏失败音效
}
```

（12）奖励音效

玩家获取奖励物品时需要播放对应的音效。具体实现方案是为不同类型的奖励物品配置特定的音效文件，例如，获取炸弹时播放get_bomb.mp3音效，获取双倍射击能力时播放get_double_laser.mp3音效。这一功能需要通过修改Player.ts脚本来实现，在玩家获取奖励物品的事件触发时调用相应的音效播放功能。

```
// Player.ts
@property(AudioClip)
getBombAudio: AudioClip = null; // 获取炸弹音效
@property(AudioClip)
```

```
    getDoubleAudio: AudioClip = null; // 获取双倍射击音效

    onRewardContact(reward: Reward) {
        // 省略其他代码
        switch (reward.rewardType) {
            case RewardType.TwoShoot:
                AudioMgr.inst.playOneShot(this.getDoubleAudio); // 播放获取双倍射击
音效
                this.switchToTwoShoot();
                break;
            case RewardType.Bomb:
                AudioMgr.inst.playOneShot(this.getBombAudio); // 播放获取炸弹音效
                GameManager.getInstance().addBomb();
                break;
        }
    }
```

（13）炸弹音效

玩家使用炸弹时需要播放对应的音效。为了实现这一功能，需要为炸弹使用动作配置特定的音效文件use_bomb.mp3。这一功能需要通过修改GameManager脚本来实现，在玩家使用炸弹的事件触发时调用相应的音效播放功能。

```
    useBomb() {
        this.bombNumber -= 1;
        AudioMgr.inst.playOneShot(this.useBombAudio); // 播放使用炸弹音效
        this.bombUI.updateUI(this.bombNumber);
    }
```

音效的添加不仅增强了游戏的沉浸感，还让玩家的操作反馈更加明显。现在，就来感受音效带来的氛围提升吧！

第 6 章

项目实战：三消游戏

6.1　创建游戏项目

接下来要复刻一款很火的三消类小游戏，采用的引擎是Cocos Creator 3.8.6。

在启动界面，定位并单击“新建项目”按钮。随后在弹出的选项菜单中，选择Empty（2D）项目模板。在为项目命名时，建议采用具有辨识度的名称（例如DonkeyGame），该名称将作为项目标识符，便于后续开发过程中的识别与管理。接下来需指定项目文件的存储路径，完成名称与路径配置后，单击“创建”按钮，启动项目初始化流程。此过程可能耗时数秒，请耐心等待。

项目初始化完成后，需通过基础配置确保游戏具备跨设备兼容性。操作步骤如下：在 Cocos Creator 顶部的菜单栏中，单击“项目设置”选项。进入设置界面后，首先调整设计尺寸，将“设计宽度”设定为 720 像素，将“设计高度”设定为 1280 像素。随后在适配选项区域，勾选“适配屏幕高度”复选框，同时取消勾选默认启用的“适配屏幕宽度”选项。此配置能有效防止画面在宽度方向产生畸变或出现黑边现象。

在项目资源管理器中，用鼠标右键单击根目录，选择“新建文件夹”命令并新文件夹命名为resources。该文件夹将作为游戏资源的集中存储区，用于存放所有图片、音频、动画等资源文件。

随后，在根目录下再次单击鼠标右键，新建文件夹并命名为scenes。此文件夹专门用于存储游戏中的场景文件。

进入scenes文件夹后，单击鼠标右键，选择“新建场景”命令，将首个场景命名为home。该场景将作为游戏的首页，玩家启动游戏时首先加载此界面。

接着创建第二个场景，命名为main。此场景构成游戏的核心玩法区域，玩家在此场景中完成主要游戏操作。

扫描二维码可获取本游戏所需要的资源链接。

6.2 游戏逻辑开发

6.2.1 开发初始场景

先来编辑初始Home场景。这个场景有着浅绿色的背景、挥动的小草、搞怪的驴群，还有一个开始按钮、声音开关按钮，以及深色的舞台。

（1）Home场景编辑实现方案

• 导入images/img_main_bg作为背景，重命名为Bg，定位至（0,0）坐标点，添加Widget组件并设置四边距为0。

• 导入img_home_top并添加Widget组件，设置左右边距为0，上边距为0。

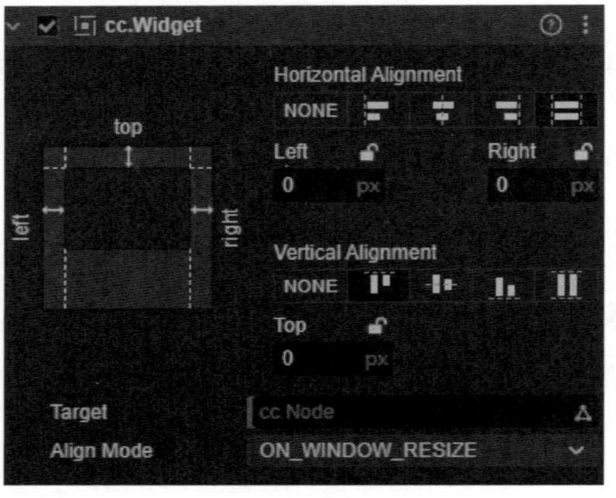

• 添加“胜率不到0.01%”文字并配置动画效果。

• 创建开始按钮BtnStart，修改按钮图片为btn_start，移除默认Label，设置Transition效果为scale，定位至屏幕下方。

• 创建50 × 50的BtnSound按钮，添加on/off状态图片，调整图片尺寸为

40 × 40，移除默认Sprite Frame，添加Widget组件固定右侧位置。

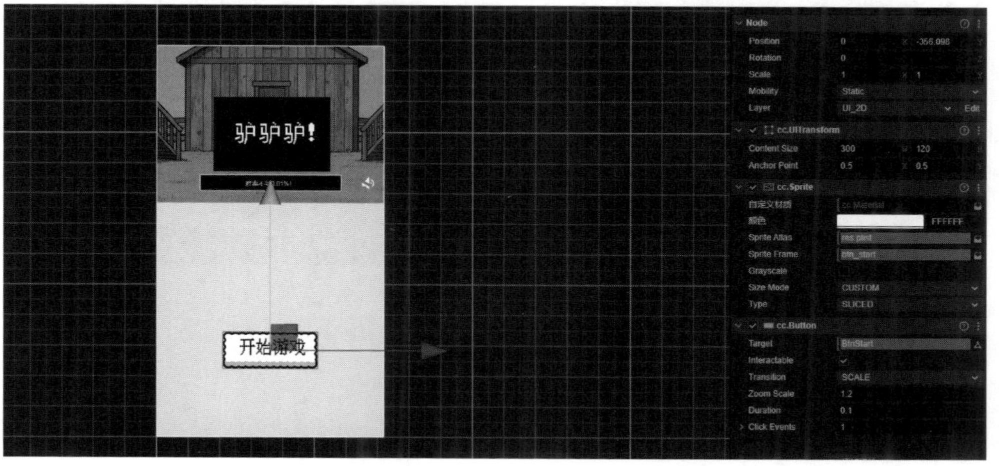

• 创建homeScene.ts脚本，实现开始按钮单击事件处理，实现声音按钮状态切换功能，维护按钮状态同步。

```
import { _decorator, Component, Node } from 'cc';
const { ccclass, property } = _decorator;

/**
 * Home场景脚本类
 */
@ccclass('homeScene')
export class homeScene extends Component {
    /**
     * 开始按钮单击响应方法
     */
    onStartClick() {
        // 这里可以添加开始游戏的逻辑，例如跳转到游戏主场景等
    }

    /**
     * 声音按钮单击响应方法
     */
    onSoundClick() {
        // 这里可以添加控制声音开关的逻辑，例如播放或停止背景音乐等
    }
}
```

将脚本与对应按钮建立事件绑定关系，确保用户单击按钮时能准确触发预设逻辑。

（2）星星动画配置

导入星星图片至Bg节点，创建Scale关键帧动画。

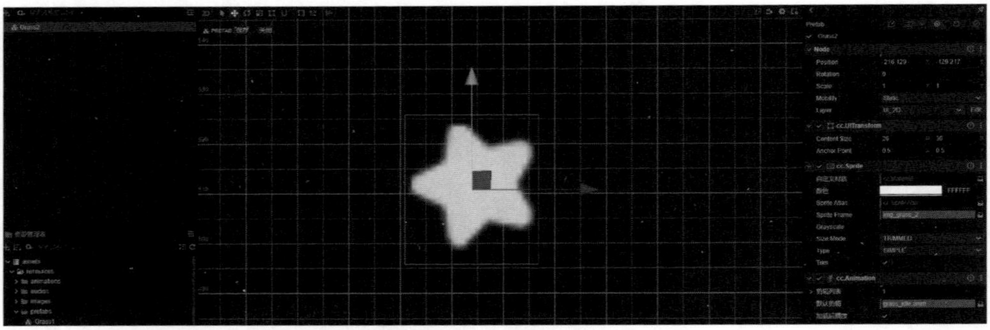

- 调整y值在1.2至1之间循环变化。
- 启用循环播放和加载后播放选项。
- 将两个星星装饰分别保存为Star1和Star2预制体。
- 随机分布星星预制体于背景区域。

（3）背景音效设置

添加AudioSource组件至Canvas，绑定home.mp3音频文件，配置相关参数。

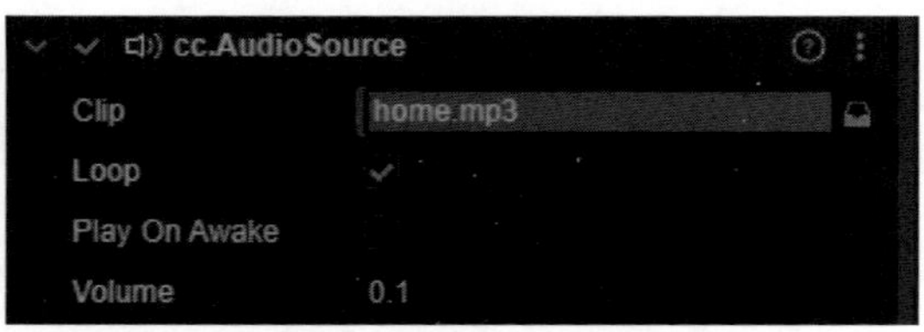

为实现跨场景的音效控制功能，需创建全局数据管理脚本。将该脚本文件命名为GameState，其主要功能是统一管理游戏中的音效状态数据。该脚本采用独立设计模式，无须挂载至具体场景节点，通过静态方法提供全局访问接口。

```
export class GameState {
    // 定义一个静态变量soundOn，用来表示声音是否开启，默认值为false
    public static soundOn:boolean = false;
}
```

在homeScene.ts脚本中，实现按钮控制声音播放与停止的逻辑。

```
import { _decorator, AudioSource, Component, Game, Node } from 'cc';
import { GameState } from './GameState';
const { ccclass, property } = _decorator;

@ccclass('homeScene')
export class homeScene extends Component {
    // 定义一个属性soundBtn，用来引用声音按钮节点
    @property(Node)
    soundBtn: Node = null;

    // 定义一个变量audioSource，用来引用AudioSource组件
    audioSource: AudioSource = null;

    // 当脚本被激活时调用
    start() {
        // 获取当前节点上的AudioSource组件
        this.audioSource = this.getComponent(AudioSource);
        // 调用playSound方法，根据GameState中的soundOn状态来播放或停止声音
        this.playSound();
    }

    // 开始按钮单击事件的回调函数
    onStartClick() {
    }

    // 播放或停止声音的方法
    playSound() {
        // 如果GameState中的soundOn为true，表示声音应该播放
        if(GameState.soundOn){
            // 将声音按钮的“On”子节点激活，隐藏“Off”子节点
            this.soundBtn.getChildByName('On').active = true;
            this.soundBtn.getChildByName('Off').active = false;
            // 播放声音
            this.audioSource.play();
        }else{
            // 如果soundOn为false，表示声音应该停止
            // 将声音按钮的“Off”子节点激活，隐藏“On”子节点
            this.soundBtn.getChildByName('On').active = false;
            this.soundBtn.getChildByName('Off').active = true;
            // 停止声音
            this.audioSource.stop();
        }
    }

    // 声音按钮单击事件的回调函数
    onSoundClick() {
        // 切换GameState中的soundOn状态
```

```
        GameState.soundOn = !GameState.soundOn;
        // 调用playSound方法，根据新的soundOn状态播放或停止声音
        this.playSound();
    }
}
```

将声音按钮正确引入场景，绑定至脚本中的soundBtn属性，就能实现对背景音效播放的控制。

（4）小驴制作流程

从图片资源中导入部件图片，包含阴影、头部、身体、腿部。

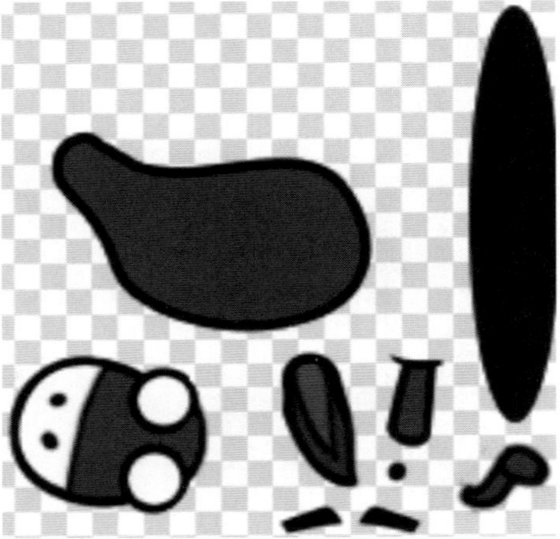

新建空节点，命名为Donkey，添加动画组件，创建动画片段Donkey_Idle。

动画编辑如下。

- 阴影动画：缩放效果增强立体感。
- 腿部动画：使用腿部图片通过旋转模拟抖动。
- 头部动画：包含耳朵、眉毛、眼珠子，设置旋转和位移。

设置动画为循环播放，选择加载后播放。

将Donkey保存为预制体，在场景中复制出多个实例，最终结果如下图所示。

6.2.2　开发主场景

（1）初始场景功能实现

开始按钮单击事件处理函数onStartClick()的执行流程如下：调用director.loadScene('main')方法切换至主场景，通过this.audioSource.stop()停止当前场景背景音播放。

```
    onStartClick() {
        director.loadScene('main');
        this.audioSource.stop();
    }
```

（2）主场景元素配置

新建Title节点作为顶部标题容器，配置如下元素。

- 导入image_11并设置宽度为300像素。
- 导入image_5并设置宽度为200像素。
- 添加两个img_ball_1圆点元素。
- 导入image_7图片。
- 添加文字标签显示“驴了个驴！”（可自行更改）
- 为Title节点添加Widget组件，固定与顶部的距离。

（3）脚本开发

在scripts文件夹中创建mainScene.ts脚本，实现声音控制功能，与homeScene.ts保持逻辑一致，包含音效播放/停止及状态切换功能。

```
import { _decorator, AudioSource, Component, Node } from 'cc';
import { GameState } from './GameState';
const { ccclass, property } = _decorator;

@ccclass('mainScene')
export class mainScene extends Component {
    @property(Node)
    soundBtn: Node = null;
    audioSource: AudioSource = null;

    start() {
        this.audioSource = this.getComponent(AudioSource);
        this.playSound();
    }

    playSound() {
        if(GameState.soundOn){
            this.soundBtn.getChildByName('On').active = true;
            this.soundBtn.getChildByName('Off').active = false;
            this.audioSource.play();
        }else{
            this.soundBtn.getChildByName('On').active = false;
```

```
            this.soundBtn.getChildByName('Off').active = true;
            this.audioSource.stop();
        }
    }

    onSoundClick() {
        GameState.soundOn = !GameState.soundOn;
        this.playSound();
    }
}
```

建议创建基类封装重复逻辑，例如声音播放和停止功能，以降低代码冗余度。

（4）返回按钮配置

- 在Canvas下创建BtnBack按钮。
- 设置图片为btn_return。
- 调整Transition属性为SCALE。
- 设置宽和高均为55像素。
- 定位至屏幕左上角。
- 添加Widget组件并固定位置。

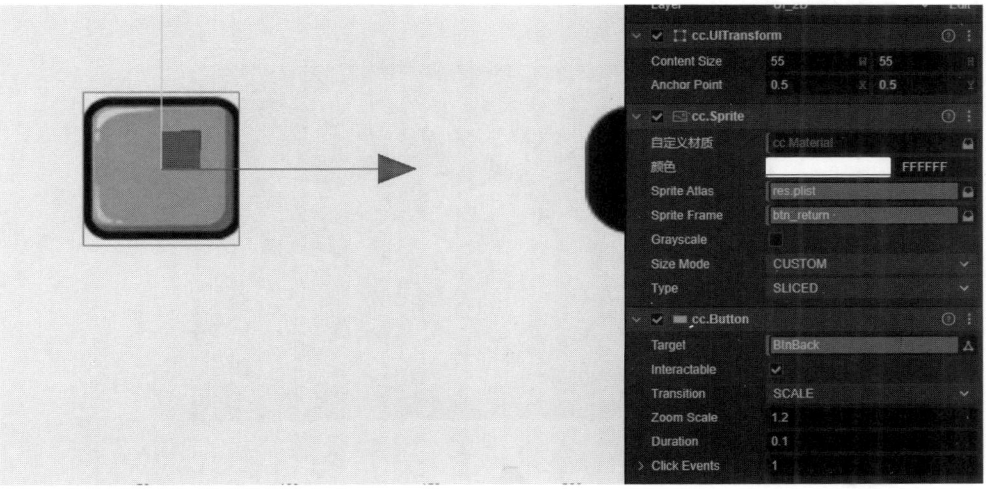

脚本实现代码如下。

```
onBackClick() {
    // 加载home场景，实现返回功能
    director.loadScene('home');
    // 停止当前场景的背景音
    this.stopSound();
}
```

将onBackClick方法绑定至BtnBack按钮的单击事件，完成返回按钮功能配置。

（5）道具按钮制作

创建BtnItems父节点，添加3个子按钮。

- BtnRedo（图片：btn_redo）。
- BtnRemove（图片：btn_remove）。
- BtnRandom（图片：btn_random）。
- 统一移除默认Label，单击效果设为SCALE，尺寸调整为125×100。
- 为BtnItems添加Layout组件。
  ◎ 设置Type为HORIZONTAL。
  ◎ 调整Spacing *X*为80。

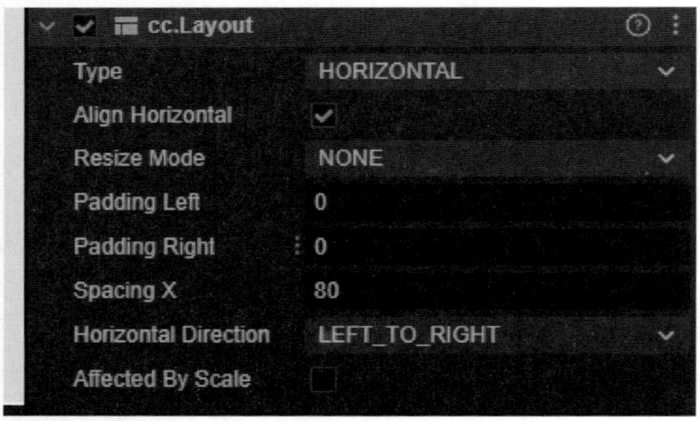

（6）游戏区域构建

创建LayerRoot根节点（618×950），添加子节点。

- Layer1（618×700）主要游戏区。
- Layer2（618×100）撤回方块区域。
- Layer3（底图：img_bottom_bg）底部方块区域，在Layer3下布置7个img_bottom_box格子，并均匀分布。

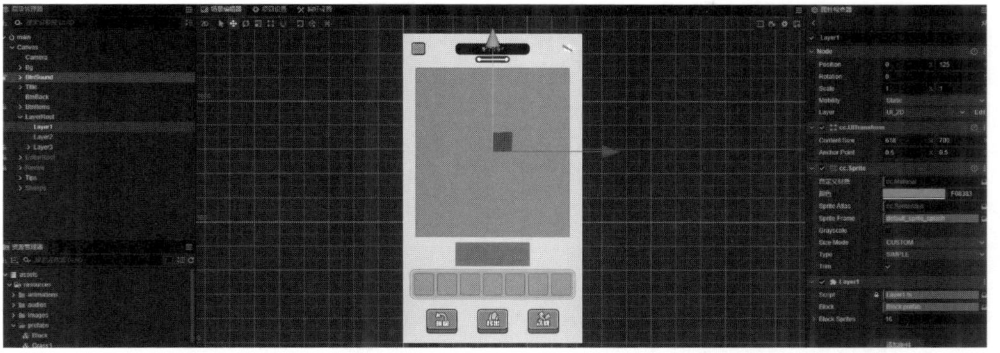

通过上述步骤就完成了场景的搭建，为后续的游戏开发奠定了基础。

6.2.3　制作Block预制体

Block（方块）预制体是游戏场景的核心构成单元，包括圆形、方块、三角形等游戏元素均基于该预制体构建。每个预制体由3个视觉层组成：背景层（采用麻将块式底图）、内容层（展示具体元素）和阴影层（模拟遮挡效果）。

在场景中创建空节点Block作为预制体基础，依次导入背景图片y_bg（作为统一视觉框架）、内容图片y_body（显示具体元素）及半透明阴影图片y_shadow（增强层次感）。调整Block节点Scale属性为0.8，以优化视觉比例。

随后在scripts文件夹中创建Block.ts脚本，挂载至Block节点实现交互逻辑，最终将节点转换为预制体完成制作。

6.2.4　开发编辑器

（1）编辑器的核心功能

- 实现Block（游戏方块）的添加与删除操作。
- 支持关卡数据的导入与导出。

- 提供清空当前编辑内容的功能。
- 作为关卡数据的创建与管理工具。

（2）辅助元素制作

创建GridMark预制体，也就是编辑器中用于定位的黑点，基于Sprite节点构建，使用y_shadow图片作为素材，调整尺寸为20×20，转换为预制体以便复用。

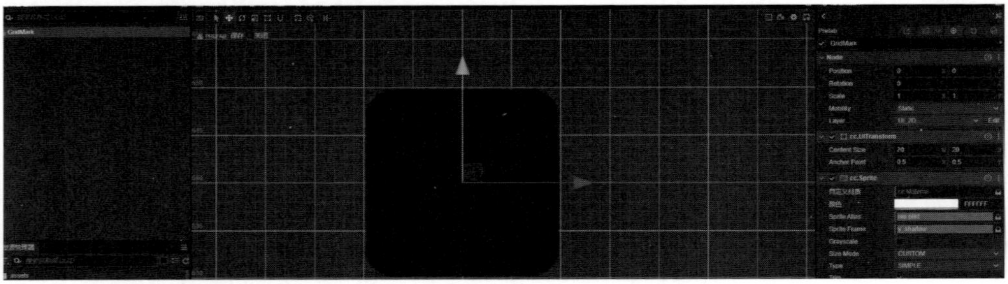

（3）编辑器结构搭建

创建EditorRoot根节点，添加Editor子节点，EditorRoot的y坐标为25，Editor的y坐标为125。

尺寸设置：宽度为618，高度为700，与LayerRoot中的Layer1保持尺寸一致。

（4）脚本实现

为Editor节点添加editor.ts脚本，实现关卡数据管理逻辑。

```
import { _decorator, Component, instantiate, Node, Prefab, Size, UITransform }
from 'cc';
const { ccclass, property } = _decorator;

@ccclass('Editor')
export class Editor extends Component {
    // 定义一个属性，用于引用小网点的预制体
```

```
    @property({type: Prefab})
    gridMark: Prefab = null;

    // 初始化网格的方法
    initGrid() {
        // 获取当前节点（即Editor节点）的宽度和高度
        const startX = -this.node.getComponent(UITransform).width / 2;
        const startY = this.node.getComponent(UITransform).height / 2;
        // 通过嵌套循环，在指定区域内生成网格
        for(let i = 0; i < 15; i++){
            const x = startX + (i + 1) * 38.5;

            for(let j = 0; j < 17; j++){
                const y = startY - (j + 1) * 40;
                // 调用createGrid方法，在指定位置创建小网点
                this.createGrid(x, y);
            }
        }
    }

    // 创建单个小网点的方法
    createGrid(x: number, y: number, size?: Size) {
        // 实例化小网点的预制体
        const grid = instantiate(this.gridMark);
        // 设置小网点的位置
        grid.setPosition(x, y);
        // 将小网点添加到当前节点（即Editor节点）下
        grid.setParent(this.node);
        // 如果传入了size参数，则设置小网点的大小
        if(size){
            grid.getComponent(UITransform).setContentSize(size);
        }
    }
}
```

在脚本开发过程中，需将预先制作的小网点预制体与gridMark属性进行绑定，以确保编辑器能够正确实例化并调用该预制体。同时需要定义一个全局变量以标记当前游戏运行模式，该变量采用number类型，其中数值0代表游戏模式，数值1代表编辑模式。为便于开发调试，建议将该变量的初始值设为1，使系统默认进入编辑模式。以下为在GameState类中添加该变量的具体实现代码。

```
export class GameState {
    public static soundOn: boolean = false; // 控制背景音是否开启
    public static gameMode: number = 1; // 0 代表游戏模式，1 代表编辑模式
}
```

对mainScene.ts脚本进行一些修改，以确保编辑器能够根据当前的游戏模式正确地显示或隐藏。以下是修改后的代码及注释。

```
@property(Node)
editorRoot: Node = null; // 用于引用编辑器的根节点EditorRoot
```

```
start() {
    // 省略其他代码
    // 根据全局变量GameState.gameMode的值，决定编辑器的显示状态
    if(GameState.gameMode === 0){
        this.editorRoot.active = false; // 如果是游戏模式，隐藏编辑器
    }else{
        this.editorRoot.active = true; // 如果是编辑模式，显示编辑器
        // 初始化网格
            this.editorRoot.getChildByName('Editor').getComponent(Editor).
initGrid();
    }
}
```

小网点预制体将作为精确的坐标参照系，用于辅助Block元素的精准定位与空间管理。

（5）控制面板构建

• 创建EditorPanel容器节点：将背景色设为黑色，尺寸为618×400，定位至屏幕底部。

• 添加信息标签。

◎ LabelMode（左上角，显示当前模式）。

◎ LabelNum（中上部，统计方块数量）。

◎ LabelPosition（右上角，显示鼠标坐标）。

◎ LabelHint（中部，消息提示）。

• 功能按钮配置。

◎ BtnAddBlock（添加方块）。

◎ BtnDelBlock（删除方块）。

◎ BtnAddGrid（添加网点）。

◎ BtnDelGrid（删除网点）。

◎ BtnImport（导入数据）。

◎ BtnExport（导出数据）。

◎ BtnClearAll（红色背景，全清操作）。

◎ BtnCustomGrid（自定义网点）。

• 输入框设置。

◎ EditBox *X*（*x*坐标，DECIMAL模式）。

◎ EditBox *Y*（*y*坐标，DECIMAL模式）。

◎ EditBoxData（数据输入框，中部，ANY模式，无字数限制）。

最终展示效果如下图所示。

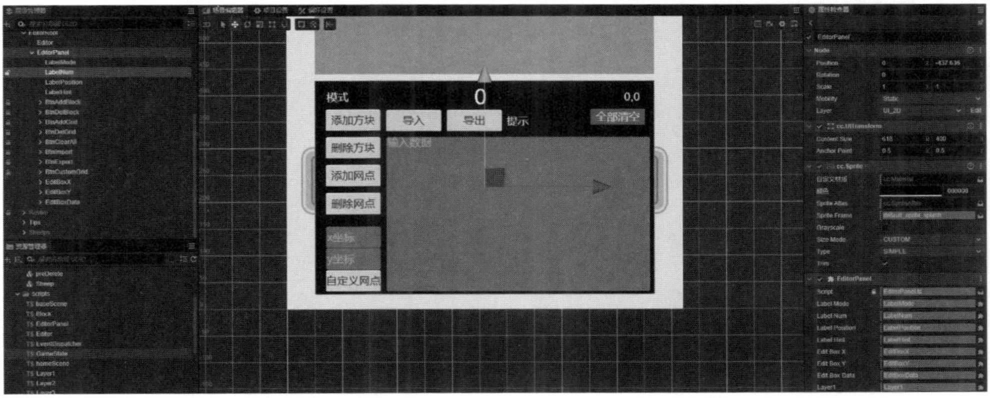

为EditorPanel节点创建控制脚本EditorPanel.ts。

```
import { _decorator, Component, EditBox, Label, Node, Event } from 'cc';
import { GameState } from './GameState';
const { ccclass, property } = _decorator;

@ccclass('EditorPanel')
export class EditorPanel extends Component {
    // 定义各个标签和输入框的属性
    @property(Label)
    LabelMode: Label = null;
    @property(Label)
    LabelNum: Label = null;
    @property(Label)
    LabelPosition: Label = null;
    @property(Label)
    LabelHint: Label = null;
    @property(EditBox)
    EditBoxX: EditBox = null;
    @property(EditBox)
    EditBoxY: EditBox = null;
    @property(EditBox)
    EditBoxData: EditBox = null;
    start() {
        // 在启动时刷新模式显示
        this.refreshMode();
    }

    // 刷新模式显示的方法
    refreshMode() {
        // 根据GameState中的editMode值，更新LabelMode的显示内容
        switch(GameState.editMode){
            case 1:
                this.LabelMode.string = '添加方块模式';
                break;
            case 2:
```

```
                this.LabelMode.string = '删除方块模式';
                break;
            case 3:
                this.LabelMode.string = '添加网点模式';
                break;
            case 4:
                this.LabelMode.string = '删除网点模式';
                break;
        }
    }

    // 模式切换的回调函数
    onModeChange(e: Event, mode: string) {
        // 更新GameState中的editMode值
        GameState.editMode = Number(mode);
        // 刷新模式显示
        this.refreshMode();
    }

    // 全部清空按钮的回调函数
    onClear() {
        // 实现清空逻辑
    }

    // 添加自定义网点按钮的回调函数
    onAddCustomGrid() {
        // 实现添加自定义网点的逻辑
    }

    // 导出按钮的回调函数
    onExport() {
        // 实现导出数据的逻辑
    }

    // 导入按钮的回调函数
    onImport() {
        // 实现导入数据的逻辑
    }
}
```

为了支持编辑模式的切换，需要在GameState类中添加一个editMode属性。

```
export class GameState {
    public static soundOn: boolean = false; // 控制背景音是否开启
    public static gameMode: number = 1; // 0 代表游戏模式，1 代表编辑模式
    public static editMode: number = 1; // 1 添加方块模式2 删除方块模式3 添加网点
模式4 删除网点模式
}
```

将各功能按钮与对应回调函数建立绑定关系，并传递必要参数。

（6）方块添加功能

捕获TOUCH_END事件获取屏幕坐标，用convertToNodeSpaceAR方法转换坐

标，通过网格包围盒检测触控区域，确定实例化位置。创建方块预制体实例，添加到场景层级。同时要处理叠压关系：上层方块应用亮色效果，下层方块应用阴影效果。

核心代码逻辑如下。

```
// Editor.ts
@property(Layer1)
layer1: Layer1 = null; // Layer1节点的引用
start() {
    // 监听触控结束事件
    this.node.on(Input.EventType.TOUCH_END, this.onTouchEnd, this);
}

protected onDestroy(): void {
    // 在销毁时移除事件监听
    this.node.off(Input.EventType.TOUCH_END, this.onTouchEnd, this);
}
 onTouchEnd(e: EventTouch) {
    // 获取触控的屏幕坐标
    const position = e.getUILocation();
    // 将屏幕坐标转换为节点坐标
      const localPosition = this.node.getComponent(UITransform).
convertToNodeSpaceAR(new Vec3(position.x, position.y));
    switch(GameState.editMode){
        case 1: // 如果当前模式是添加方块模式
            for(let i = 0; i < this.node.children.length; i++){
                const grid = this.node.children[i];
                // 判断触控坐标是否在某个网点的包围盒内
                if(grid.getComponent(UITransform).getBoundingBox().contains(new
Vec2(localPosition.x, localPosition.y))){
                    // 在该网点位置添加方块
                    this.layer1.addBlock(grid.getWorldPosition());
                    // 更新方块的阴影状态
                    this.layer1.refreshShadow();
                }
            }
            break;
    }
}
```

为实现方块添加功能的核心逻辑，需在Layer1类中挂载Layer1.ts脚本。该脚本主要承担两项关键职责：一是处理方块的实例化过程，二是管理方块间的层级叠压关系。具体实现需确保处于上层的方块呈现亮色视觉效果，而位于下层的方块则显示阴影效果。以下为Layer1.ts脚本的代码实现。

```
// Layer1.ts
addBlock(worldPosition: Vec3): Block {
    // 将世界坐标转换为节点坐标
     const position = this.node.getComponent(UITransform).convertToNodeSpaceAR(
worldPosition);
    // 实例化方块的预制体
    const block = instantiate(this.block);
    // 设置方块的位置
    block.setPosition(position);
    // 将方块添加到当前节点下
    block.setParent(this.node);
    // 返回方块的Bloc组件
    return block.getComponent(Block);
}

refreshShadow() {
    for(let i = 0; i < this.node.children.length; i++){
        // 获取第一个方块的Block组件
        const block1 = this.node.children[i].getComponent(Block);
        // 获取第一个方块的包围盒
        const block1Box = block1.getBoundingBox();
        // 默认显示第一个方块
        block1.show();
        for(let j = i + 1; j < this.node.children.length; j++){
            // 获取第二个方块的包围盒
                const block2Box = this.node.children[j].getComponent(Block).
getBoundingBox();
            // 判断两个方块的包围盒是否相交
            if(block1Box.intersects(block2Box)){
                // 如果相交，则隐藏第一个方块
                block1.hide();
            }
        }
    }
}
```

在Block类的功能扩展中，需要新增若干关键方法以实现阴影控制机制。具体实现需包含3个核心功能：show方法用于显示阴影效果，hide方法用于隐藏阴影效果，以及getBoundingBox方法用于获取方块的碰撞检测区域。为避免相邻方块被错误判定为叠压状态，在计算包围盒时将各边向内收缩10个像素作为安全边界。以下是Block.ts脚本的具体实现代码。

```
import { _decorator, Component, Node, Rect, UITransform } from 'cc';
const { ccclass, property } = _decorator;

@ccclass('Block')
```

```
export class Block extends Component {
    show() {
        // 隐藏阴影
        this.node.getChildByName('y_shadow').active = false;
    }

    hide() {
        // 显示阴影
        this.node.getChildByName('y_shadow').active = true;
    }

    getBoundingBox(): Rect {
        // 获取方块的原始包围盒
        const rect1 = this.node.getComponent(UITransform).getBoundingBox();
        // 缩小的像素值
        const num = 10;
        // 返回缩小后的包围盒
         return new Rect(rect1.x + num, rect1.y + num, rect1.width - 2 * num,
rect1.height - 2 * num);
    }
}
```

通过上述步骤，成功实现方块添加功能的核心模块，可正常执行方块添加操作。

（7）方块删除功能

在实现方块添加功能的基础上，现需进一步完善方块删除功能的开发。具体实现方案为在Layer1.ts脚本中新增removeBlock方法，该方法通过接收世界坐标参数，遍历当前节点下所有子节点（即已生成的方块实例），逐一检测各方块包围盒是否包含指定坐标。当检测到匹配的方块实例时，执行从父节点移除的操作，以此实现精确删除功能。以下是该方法的完整代码实现及功能注释。

```
// Layer1.ts
removeBlock(worldPosition: Vec3) {
    // 将世界坐标转换为当前节点的局部坐标
     const position = this.node.getComponent(UITransform).convertToNodeSpaceAR(
worldPosition);
    // 从后向前遍历所有方块
    for(let i = this.node.children.length - 1; i >= 0; i--){
        const block = this.node.children[i];
        // 检查方块的包围盒是否包含触控点的局部坐标
            if(block.getComponent(UITransform).getBoundingBox().contains(new
Vec2(position.x, position.y))){
            // 如果包含，则移除该方块
            block.removeFromParent();
            // 退出循环
            break;
        }
    }
}
```

在Editor.ts脚本的触控事件处理逻辑中，需要集成方块删除功能。具体实现方式为在onTouchEnd回调函数中判断当前编辑模式，当检测到处于删除方块模式（GameState.editMode值为2）时，调用Layer1类的removeBlock方法，并将触控点的世界坐标作为参数传入。以下是经过修改完善的onTouchEnd方法实现及功能注释。

```
// Editor.ts
onTouchEnd(e: EventTouch) {
    // 获取触控的屏幕坐标
    const position = e.getUILocation();
    // 将屏幕坐标转换为当前节点的局部坐标
      const localPosition = this.node.getComponent(UITransform).
convertToNodeSpaceAR(new Vec3(position.x, position.y));
    // 根据当前的编辑模式执行不同的操作
    switch(GameState.editMode){
        case 1:
            // 添加方块的逻辑（省略）
            break;
        case 2:
            // 删除方块的逻辑
            // 调用Layer1的removeBlock方法，传入触控的世界坐标
            this.layer1.removeBlock(new Vec3(position.x, position.y));
            // 更新阴影状态
            this.layer1.refreshShadow();
            break;
    }
}
```

为实现方块数量的实时显示功能，需构建事件分发机制。该功能通过EventDispatcher类实现事件管理，在方块增减时触发相应事件。EditorPanel组件将监听这些事件并更新界面显示。考虑到游戏的三消特性，当方块数量非3的倍数时，显示文本将变为红色以示警告。以下是EventDispatcher.ts的实现方案。

```
import { EventTarget } from 'cc';
const eventTarget = new EventTarget(); // 创建一个事件目标

export class EventDispatcher {
    private static inst: EventDispatcher; // 单例实例
    // 定义更新方块数量的事件名称
    public static UPDATE_BLOCK_SIZE = "update_block_size";     // 获取单例实例的
事件目标
    static getInstTarget() {
        if (!EventDispatcher.inst) {
            EventDispatcher.inst = new EventDispatcher();
        }
        return EventDispatcher.inst.getTarget();
    }

    // 获取事件目标
```

```
    getTarget(): EventTarget {
        return eventTarget;
    }
}
```

在EditorPanel组件的功能实现中，需建立对UPDATE_BLOCK_SIZE事件的监听机制。当该事件触发时，组件将自动执行方块数量的显示更新操作。该功能通过事件驱动架构实现，确保数据显示的实时性与准确性。以下是EditorPanel.ts脚本的核心功能实现代码及详细注释说明。

```
// EditorPanel.ts
@property(Layer1)
// Layer1节点的引用
layer1: Layer1 = null;
@property(Label)
// 用于显示方块数量的标签
LabelNum: Label = null;

start() {
    // 监听更新方块数量的事件
    EventDispatcher.getInstTarget().on(EventDispatcher.UPDATE_BLOCK_SIZE, this.
updateBlockSize, this);
}

onDestroy() {
    // 在销毁时移除事件监听
    EventDispatcher.getInstTarget().off(EventDispatcher.UPDATE_BLOCK_SIZE, this.
updateBlockSize, this);
}

// 更新方块数量的显示
updateBlockSize() {
    // 获取Layer1 中的子节点数量（即方块数量）
    const size = this.layer1.getChildrenLength();
    // 更新标签的显示内容
    this.LabelNum.string = size.toString();
    // 如果方块数量是3的倍数，显示为白色；否则显示为红色
    if (size % 3 === 0) {
        this.LabelNum.color = new Color(255, 255, 255);
    } else {
        this.LabelNum.color = new Color(255, 0, 0);
    }
}
```

在Editor类的功能实现中，需完善事件通知机制，确保在方块添加或删除操作时准确发送UPDATE_BLOCK_SIZE事件。该功能通过在关键操作节点嵌入事件分发逻辑实现，以保证游戏状态变更的实时同步。以下是Editor.ts中相关事件通知功能的实现代码及注释说明。

```
// Editor.ts
onTouchEnd(e: EventTouch) {
    // 获取触控的屏幕坐标
    const position = e.getUILocation();
    // 将屏幕坐标转换为节点坐标
      const localPosition = this.node.getComponent(UITransform).
convertToNodeSpaceAR(new Vec3(position.x, position.y));
    switch (GameState.editMode) {
        case 1: // 添加方块模式
            // 添加方块的逻辑（省略）
            // 发送更新方块数量的事件
             EventDispatcher.getInstTarget().emit(EventDispatcher.UPDATE_BLOCK_
SIZE);
            break;
        case 2: // 删除方块模式
            // 删除方块的逻辑（省略）
            // 发送更新方块数量的事件
             EventDispatcher.getInstTarget().emit(EventDispatcher.UPDATE_BLOCK_
SIZE);
            break;
    }
}
```

（8）添加和删除自定义网点

在基础功能实现的基础上，需进一步扩展编辑器功能，增加对自定义尺寸网点的支持。该功能模块包含两个核心操作：添加和删除自定义尺寸的网点。系统默认配置的网点尺寸为20×20像素，同时开放自定义尺寸接口，允许用户根据设计需求设置特定尺寸（如10×10像素等）。以下是添加自定义尺寸网点功能的具体代码及详细注释说明。

```
// Editor.ts
onTouchEnd(e: EventTouch) {
    // 获取触控的屏幕坐标
    const position = e.getUILocation();
    // 将屏幕坐标转换为节点坐标
      const localPosition = this.node.getComponent(UITransform).
convertToNodeSpaceAR(new Vec3(position.x, position.y));
    switch(GameState.editMode){
            // 添加自定义大小网点模式
        case 3:
            // 创建大小为10x10的网点
                this.createGrid(localPosition.x, localPosition.y, new Size(10,
10));
            break;
        // 其他模式的代码（省略）
    }
}
```

删除网点功能的实现逻辑与删除方块功能相似。具体实现过程为：遍历场景中所有的网点实例，基于用户单击坐标点进行位置检测，通过判断各网点包围盒是否包含该坐标点来确定目标网点。当检测到符合条件的网点时，执行从父节点移除操作。以下是删除网点功能的具体代码及详细注释说明。

```
// Editor.ts
onTouchEnd(e: EventTouch) {
    // 获取触控的屏幕坐标
    const position = e.getUILocation();
    // 将屏幕坐标转换为节点坐标
      const localPosition = this.node.getComponent(UITransform).
convertToNodeSpaceAR(new Vec3(position.x, position.y));
    switch(GameState.editMode){
            // 删除网点模式
        case 4:
            for(let i = this.node.children.length - 1; i >= 0; i--){
                const grid = this.node.children[i];
                if(grid.getComponent(UITransform).getBoundingBox().contains(new
Vec2(localPosition.x, localPosition.y))){
                    // 如果网点的包围盒包含触控点，则移除该网点
                    grid.removeFromParent();
                    break;
                }
            }
            break;
        // 其他模式的代码（省略）
    }
}
```

（9）清空方块

在开发游戏编辑器功能的过程中，需要实现清空全部方块的功能模块。该功能允许用户通过单次操作移除场景内所有方块元素，为重新开始编辑提供便利。具体实现方案为在Layer1类中新增clearAll方法，该方法的主要功能是移除Layer1节点下的全部子节点（即所有方块实例）。以下是Layer1.ts脚本中该功能模块的完整代码及详细注释说明。

```
// Layer1.ts
// 清空所有方块的方法
clearAll() {
    // 移除Layer1节点下的所有子节点
    this.layerNode.removeAllChildren();
}
```

在EditorPanel类的功能实现中，需要集成清空全部方块的功能。该功能通过调用Layer1类的clearAll方法实现场景重置，同时触发方块数量显示更新。以下是EditorPanel.ts中调用相关功能的代码及注释说明。

```
// EditorPanel.ts
// 清空所有方块的方法
onClear() {
    // 调用Layer1 的clearAl方法清空所有方块
```

```
        this.layer1.clearAll();
        // 更新方块数量的显示
        this.updateBlockSize();
    }
```

（10）Tips提示

在游戏编辑器功能扩展中，新增了Tips提示模块。该功能通过可视化提示信息提升用户体验，在清空方块等关键操作时提供即时反馈。

以下是功能实现的具体步骤。

创建Tips节点作为提示容器，添加Widget组件并设置尺寸（宽度自适应，高度70像素），配置半透明黑色背景Sprite节点，添加“字体大小”为30号的Label用于显示信息。

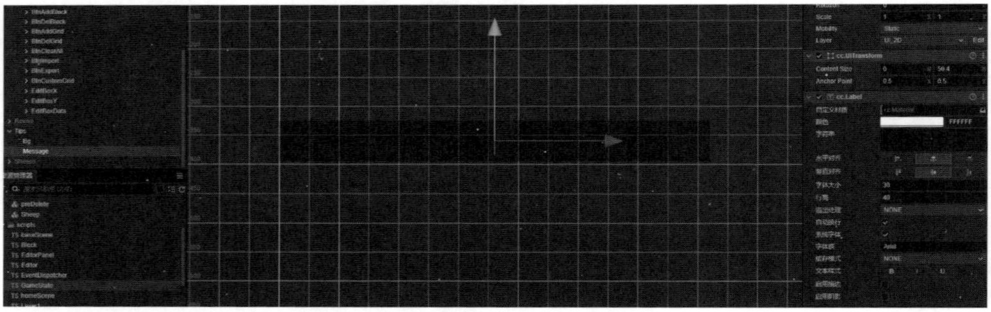

脚本实现如下。

```
// Tips.ts
import { _decorator, Component, Label, Node, tween, Vec3 } from 'cc';
import { EventDispatcher } from './EventDispatcher';
const { ccclass, property } = _decorator;

@ccclass('Tips')
export class Tips extends Component {
    // 提示信息的Label组件引用
    @property(Label)
```

```
    message: Label = null;

    start() {
        // 初始化时将Tips节点隐藏在屏幕外
        this.node.setPosition(0, -1000);
        // 监听显示提示的事件
           EventDispatcher.getInstTarget().on(EventDispatcher.SHOW_TIPS, this.
showTips, this);
    }

    // 显示提示信息的方法
    showTips(msg: string) {
        // 设置提示信息的内容
        this.message.string = msg;
        // 将Tips节点移动到初始显示位置
        this.node.setPosition(0, -100);
        // 使用tween库创建动画效果
        tween(this.node)
            .to(0.5, { position: new Vec3(0, 0, 0) }) // 在0.5秒内移动到y=0的位置
            .to(0.2, { position: new Vec3(0, 1000, 0) }) // 在0.2秒内移动到屏幕外
            .call(() => {
                 this.node.setPosition(0, -1000); // 动画结束后将节点重置到初始隐
藏位置
            })
            .start();
    }
}
```

在EventDispatcher类的功能扩展中，需要新增SHOW_TIPS事件类型以支持提示信息的触发显示机制。

```
// EventDispatcher.ts
public static SHOW_TIPS = "show_tips"; // 显示提示信息的事件
```

在完善EditorPanel类的功能过程中，需在onClear方法中集成提示信息显示功能。具体实现方式为在执行清空操作后触发SHOW_TIPS事件，向用户反馈操作成功的提示信息。以下是修改后的EditorPanel.ts文件的实现方案。

```
// EditorPanel.ts
onClear() {
    // 清空所有方块
    this.layer1.clearAll();
    // 更新方块数量的显示
    this.updateBlockSize();
    // 显示提示信息
      EventDispatcher.getInstTarget().emit(EventDispatcher.SHOW_TIPS, '清理成
功! ');
}
```

Tips提示模块设计用于在清空所有方块操作时向用户显示友好提示信息。该功能通过可视化反馈机制，在用户执行关键操作时提供即时的状态确认，从而提升编辑体验的流畅性和交互友好性。

（11）数据导入导出

在开发游戏编辑器功能过程中，需要设计方块数据的导入与导出功能。该功能将为用户提供关卡数据的保存与加载能力，便于后续编辑和使用。

导出功能的核心实现原理是通过采集场景中各方块实例的坐标信息，将其序列化为字符串格式进行存储。为确保导出数据的有效性，系统设置了强制校验机制，要求当前场景中的方块数量必须为3的倍数，否则将阻止导出操作。以下是onExport方法的具体实现代码及功能注释说明。

```
// EditorPanel.ts
onExport() {
    // 用于存储方块坐标信息的数组
    let str: any[] = [];
    // 获取Layer1节点下的所有子节点（方块）
    const nodes = this.layer1.node.children;

    // 检查方块数量是否为3的倍数且不为空
    if(nodes.length % 3 !== 0 || nodes.length === 0){
        this.LabelHint.string = '必须是3的倍数';
        return;
    }

    // 遍历所有方块，获取其坐标信息
    nodes.map(node => {
        str.push({
            x: node.position.x,
            y: node.position.y
        })
    });

    // 将坐标信息转换为JSON字符串并保存到输入框中
    this.EditBoxData.string = JSON.stringify(str);
    // 提示用户导出成功
    this.LabelHint.string = '导出成功！';
}
```

导入功能的核心实现原理是通过解析用户输入的字符串数据来重构关卡场景。该功能模块主要包含两个关键技术环节：首先对字符串数据进行结构化解析，提取其中包含的方块坐标信息；随后根据解析结果在场景中动态生成对应位置的方块实例。以下是该功能模块的具体实现代码及技术要点说明。

```
// EditorPanel.ts
onImport() {
    // 清空Layer1中的所有方块
    this.layer1.clearAll();
    // 获取用户输入的字符串数据
    const data = this.EditBoxData.string;
```

```
    // 检查数据是否为空
    if(!data){
        this.LabelHint.string = '数据为空';
        return;
    }

    // 解析JSON字符串为数组
    const grids = JSON.parse(data);
    grids.map(grid => {
        // 将局部坐标转换为世界坐标
            const worldPosition = this.layer1.node.getComponent(UITransform).
convertToWorldSpaceAR(new Vec3(grid.x, grid.y, 0));
        // 根据世界坐标添加方块
        this.layer1.addBlock(worldPosition);
    });

    // 刷新方块的阴影状态
    this.layer1.refreshShadow();
    // 更新方块数量的显示
    this.updateBlockSize();
    // 提示用户导入成功
    this.LabelHint.string = '导入成功! ';
}
```

为提升游戏编辑器的操作效率，现需实现连续生成方块的功能模块。该功能允许用户在添加方块模式下，通过手指拖动操作在屏幕上连续放置多个方块，从而显著提升关卡搭建的工作效率。在Editor类中新增onTouchMove方法，实现触摸移动事件处理逻辑，支持连续方块生成操作。

```
// 当前选中的网格节点
private currentGrid = null;

start() {
    // 监听触摸移动事件
    this.node.on(Input.EventType.TOUCH_MOVE, this.onTouchMove, this);
}

// 触摸移动事件的回调函数
onTouchMove(e: EventTouch) {
    // 如果不是添加方块模式，直接返回
    if (GameState.editMode !== 1) return;
    // 获取触摸的屏幕坐标
    const position = e.getUILocation();
    // 将屏幕坐标转换为节点坐标
      const localPosition = this.node.getComponent(UITransform).
convertToNodeSpaceAR(new Vec3(position.x, position.y));
    for (let i = 0; i < this.node.children.length; i++) {
        const grid = this.node.children[i];
        // 如果当前网格已经处理过，跳过
        if (grid === this.currentGrid) continue;
            if (grid.getComponent(UITransform).getBoundingBox().contains(new
```

```
Vec2(localPosition.x, localPosition.y))) {
            // 在该网格位置添加方块
            this.layer1.addBlock(grid.getWorldPosition());
            // 更新方块的阴影状态
            this.layer1.refreshShadow();
            // 更新当前选中的网格
            this.currentGrid = grid;
            break;
        }
    }
    // 发送更新方块数量的事件
    EventDispatcher.getInstTarget().emit(EventDispatcher.UPDATE_BLOCK_SIZE);
}
```

（12）手动添加网点

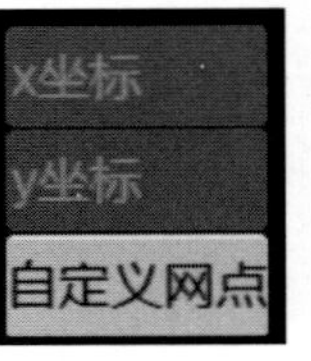

在完善游戏编辑器功能过程中，需重点实现添加自定义网点功能模块。该功能通过精确的坐标输入机制，为用户提供更高自由度的网点布局能力。

以下是功能实现的具体技术方案。

```
// Editor.ts
// EditorPanel节点的引用
editorPanel: EditorPanel = null;

start() {
    // 省略其他代码
    // 监听鼠标移动事件
    this.node.on(Input.EventType.MOUSE_MOVE, this.onMouseMove, this);
}

// 鼠标移动事件的回调函数
onMouseMove(e: EventMouse) {
    // 获取鼠标的位置
    const position = e.getUILocation();
    // 将屏幕坐标转换为节点坐标
      const localPosition = this.node.getComponent(UITransform).
convertToNodeSpaceAR(new Vec3(position.x, position.y));
    // 更新鼠标位置
      this.editorPanel.setPos(Math.floor(localPosition.x), Math.
floor(localPosition.y));
}
```

在EditorPanel.ts脚本的功能扩展中，需要新增setPos方法以实现坐标更新功能，并完善自定义网点的添加机制。该方法将负责实时更新鼠标坐标显示，并根据用户输入的坐标值在指定位置创建自定义尺寸的网点。以下是该功能模块的具体实现代码及详细注释说明。

```
// EditorPanel.ts
// 用于输入自定义网点的坐标
@property(EditBox)
```

```
    EditBoxX: EditBox = null;
    // 用于输入自定义网点的坐标
    @property(EditBox)
    EditBoxY: EditBox = null;

    // 更新鼠标位置的显示
    setPos(x: number, y: number) {
        // 更新鼠标位置的显示
        this.LabelPosition.string = `${x},${y}`;
    }

    // 添加自定义网点的方法
    onAddCustomGrid() {
        // 获取输入的坐标
        const x = this.EditBoxX.string;
        // 获取输入的坐标
        const y = this.EditBoxY.string;
        // 获取Editor节点
        const editor = this.node.parent.getChildByName('Editor');
        // 调用Editor的createGrid方法添加自定义网点
         editor.getComponent(Editor).createGrid(Number(x), Number(y), new Size(10,
    10));
    }
```

在完成编辑器功能开发后，现需着手实现关卡数据的生成与管理功能模块。该模块主要包含3个核心功能：具体关卡数据的创建、基于关卡等级的数据查询，以及最大关卡等级的获取功能。首先在GameState类中定义关卡数据结构，初始化两关示例数据，包含3个关键字段：lv（关卡编号）、types（花色种类数）、list（方块位置列表）。

以下是GameState.ts的代码及详细注释。

```
// GameState.ts
export class GameState {
    // 当前关卡序号
    public static curLevel: number = 1;

    // 关卡数据数组
    public static levelData = [
        {
            "lv": 1, // 第一关
            "types": 3, // 3种花色
            "list": [ // 方块位置列表
              // 省略具体位置数据，实际开发中应根据设计填写完整
            ]
        },
        {
            "lv": 2, // 第二关
            "types": 16, // 16种花色
            "list": [ // 方块位置列表
                // 省略具体位置数据，实际开发中应根据设计填写完整
```

```
            ]
        }
    ];

    // 根据关卡等级获取关卡数据
    public static getLvData(lv: number) {
        const level = this.levelData.find(lvData => {
            return lvData.lv === lv; // 查找匹配关卡等级的数据
        });
        return level; // 返回找到的关卡数据
    }

    // 获取最大关卡等级
    public static getMaxLevel() {
        let maxLevel: number = 1; // 初始化最大关卡等级为1
        this.levelData.forEach(lvData => { // 遍历关卡数据
            if(lvData.lv > maxLevel){
                maxLevel = lvData.lv; // 更新最大关卡等级
            }
        });
        return maxLevel; // 返回最大关卡等级
    }
    // 省略其他代码
}
```

代码中定义了关卡数据结构，并初始化了两关的数据。同时，实现了根据关卡等级获取关卡数据的方法和获取最大关卡等级的方法。

6.2.5 初始化关卡

在游戏初始化功能的实现过程中，需要在Layer1类中新增两个关键方法，以完成第一关方块的初始化工作。

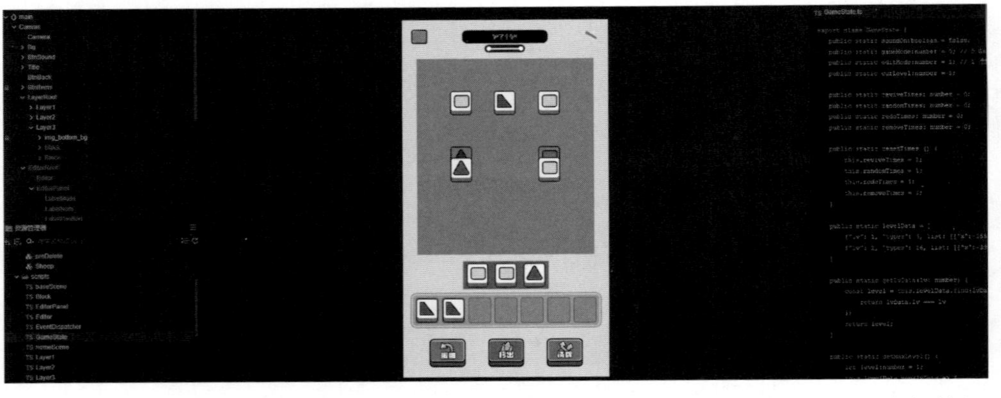

startGame方法承担关卡数据加载与方块初始化的核心职责，通过关卡等级参数获取对应数据并创建方块实例。

addBlockByLocalPosition方法则专门处理基于本地坐标的方块创建逻辑，确保方块能够准确地放置在指定位置。这两个方法协同工作，不仅实现了场景中方块的初始化，还自动建立了方块之间的遮挡层级关系。以下是Layer1.ts中相关方法的实现代码及功能注释说明。

```
// Layer1.ts
startGame(lv: number) {
    // 获取指定关卡的数据
    const lvData = GameState.getLvData(lv);
    if (lvData) {
        for (let i = 0; i < lvData.list.length; i++) {
            // 创建方块的位置
            const position = new Vec3(lvData.list[i].x, lvData.list[i].y, 0);
            // 在指定位置添加方块
            this.addBlockByLocalPosition(position);
        }
        // 刷新方块之间的遮挡关系
        this.refreshShadow();
    }
}

addBlockByLocalPosition(localPosition: Vec3): Block {
    // 实例化方块的预制体
    const block = instantiate(this.block);
    // 设置方块的位置
    block.setPosition(localPosition);
    // 将方块添加到当前节点下
    block.setParent(this.node);
    // 返回方块的Block组件
    return block.getComponent(Block);
}
```

在游戏初始化流程的实现中，需要在LayerRoot类中集成对Layer1的startGame方法的调用功能。LayerRoot类作为游戏初始化的主入口点，承担着协调各模块初始化的核心职责。通过在LayerRoot节点上挂载LayerRoot.ts脚本，可以有效地组织游戏启动流程，确保各功能模块按正确顺序初始化。以下是该功能模块的具体实现方案。

```
// LayerRoot.ts
import { _decorator, Component, Node } from 'cc';
import { Layer1 } from './Layer1';
const { ccclass, property } = _decorator;

@ccclass('LayerRoot')
export class LayerRoot extends Component {
    // Layer1节点的引用
    @property(Layer1)
    layer1: Layer1 = null;
```

```
    startGame(lv: number) {
        // 调用Layer1 的startGam方法初始化游戏
        this.layer1.startGame(lv);
    }
}
```

在游戏主场景的初始化实现中，需要在mainScene.ts脚本中完成两项关键操作：首先调用LayerRoot的startGame方法执行游戏初始化流程；其次将GameState的gameMode属性初始值设为0，以标记当前处于游戏模式。该实现方案确保了游戏启动时各模块的正确初始化，以及运行模式的准确设置。以下是mainScene.ts脚本的具体实现代码及功能注释说明。

```
// mainScene.ts
start() {
    // 播放背景音
    this.playSound();
    if (GameState.gameMode === 0) {
        // 如果是游戏模式，隐藏编辑器
        this.editorRoot.active = false;
        // 初始化游戏
        this.startGame();
    } else {
        // 如果是编辑模式，显示编辑器
        this.editorRoot.active = true;
        // 初始化编辑器网格
          this.editorRoot.getChildByName('Editor').getComponent(Editor).
initGrid();
    }
}

startGame() {
    // 获取LayerRoot节点
    const layerRoot = this.node.getChildByName('LayerRoot');
    // 调用LayerRoot的startGame方法初始化游戏
    layerRoot.getComponent(LayerRoot).startGame(GameState.curLevel);
}
```

在游戏启动流程的实现中，当用户触发开始游戏操作时，系统将自动加载并初始化第一关的方块元素。

6.2.6 元素块管理

在游戏功能完善阶段，现需实现基于关卡配置的多样化花色生成机制。当前系统已具备基础方块生成能力，但仅支持单一花色类型。为提升游戏多样性，需进行以下技术改进。

在Layer1类中新增blockSprites属性，用于存储多套花色图片资源。改造

startGame方法：集成随机花色选择功能，保持原有初始化流程。

```
// Layer1.ts
// 方块类型的图片资源数组
@property([SpriteFrame])
blockSprites: SpriteFrame[] = [];
startGame(lv: number) {
    // 获取指定关卡的数据
    const lvData = GameState.getLvData(lv);
    // 当前方块花色的索引
    let curIndex = 0;
    if (lvData) {
        // 随机获取关卡所需的方块类型图片
        const sprites = this.getRandomSpriteFrames(lvData.types);
        for (let i = 0; i < lvData.list.length; i++) {
            // 创建方块的位置
            const position = new Vec3(lvData.list[i].x, lvData.list[i].y, 0);
            // 每3个方块更换一次类型
            if (i > 0 && i % 3 === 0) {
                curIndex++;
                // 如果超出类型数量，重置索引
                if (curIndex >= lvData.types) {
                    curIndex = 0;
                }
            }
            // 在指定位置添加方块
            const block = this.addBlockByLocalPosition(position);
            // 设置方块的图片
            block.setSprite(sprites[curIndex]);
        }
        // 刷新方块之间的遮挡关系
        this.refreshShadow();
    }
}
// 随机获取指定数量的方块类型图片
getRandomSpriteFrames(types: number): SpriteFrame[] {
    // 随机打乱图片数组
    const randomSprites = this.blockSprites.sort(() => Math.random() - 0.5);
    // 返回前types个图片
    return randomSprites.slice(0, types);
}
```

需要为Block类新增setSprite方法以实现方块图片的动态更换功能。该方法将作为方块外观管理的核心接口，负责接收并应用新的图片资源，从而支持游戏过程中方块外观的多样化呈现。

```
// Block.ts
// 设置方块的图片
setSprite(spriteFrame: SpriteFrame) {
    // 更新方块的图片
      this.node.getChildByName('y_body').getComponent(Sprite).spriteFrame =
spriteFrame;
}
```

需在Cocos Creator编辑器中将所有预设的方块图片资源拖至Layer1节点的Block Sprites属性栏。

该操作将自动构建一个包含多种花色类型的图片资源数组，作为游戏运行时的方块素材库。

通过此配置，Layer1组件在游戏初始化阶段即可从该数组中随机选取图片资源，为生成的方块实例赋予多样化的视觉表现。该方案有效提升了游戏内容的丰富性和随机性。

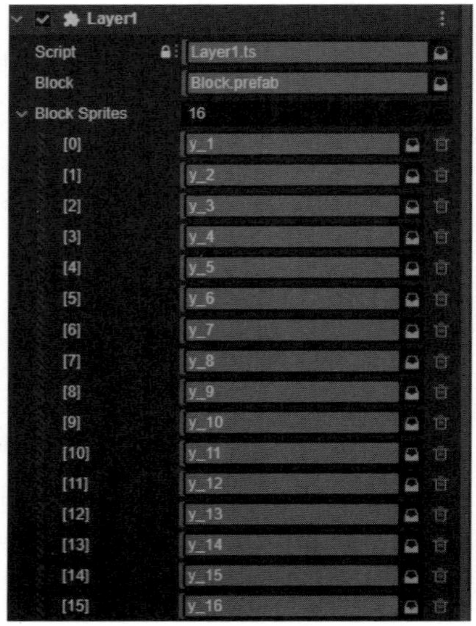

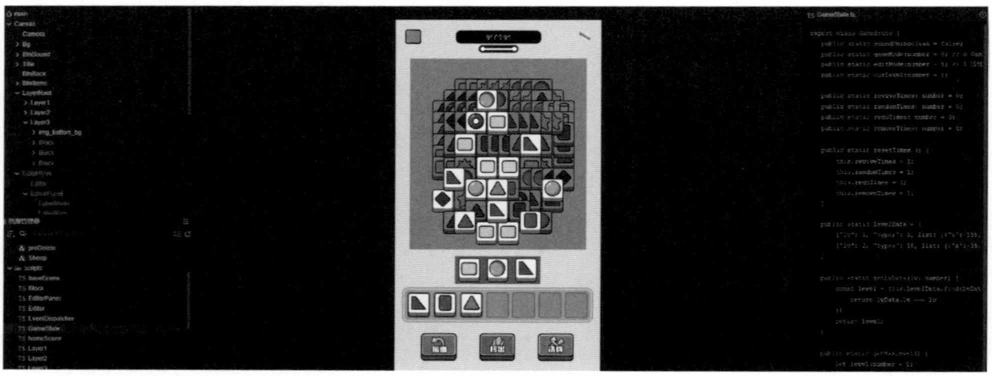

6.2.7 消除逻辑与道具实现

（1）洗牌功能

在开发游戏功能的过程中，需要实现随机道具重新洗牌的核心功能模块。该功能的实现思路主要包含以下几个关键步骤：首先获取当前节点的全部子节点对象，将这些子节点对应的脚本组件存入数组中；随后通过随机算法处理数组元素，在循环结构中随机选取两个节点实例，执行图片资源的交换操作；同时可考虑加入动画效果以增强视觉体验。作为功能实现的基础，需要优先对Block.ts脚本文件进行必要的修改，为后续完整的洗牌功能开发做好准备。

```
    // 定义精灵帧
    spriteFrame: SpriteFrame = null;


    // 为当前节点设置新的精灵帧
    setSprite(spriteFrame: SpriteFrame) {
        this.spriteFrame = spriteFrame;
    }

    // 返回当前节点的精灵帧
    getSpriteFrame() {
        return this.spriteFrame;
    }

    // 刷新精灵的方法：通过动画效果更新当前节点的精灵帧
    refreshSprite() {
        // 保存当前节点的位置
        const position = this.node.position.clone();
        // 使用tween动画
        tween(this.node)
            .to(0.2, { position: new Vec3(0) }) // 先将节点移动到(0,0)位置
            .call(() => {
                // 更改子节点'y_body'的精灵帧
                this.node.getChildByName('y_body').getComponent(Sprite).spriteFrame
= this.spriteFrame;
            })
            .to(0.2, { position: position }) // 再将节点移动回原来的位置
            .start();
    }
```

在Layer1.ts文件中集成随机道具重新洗牌的功能模块。该功能将通过调用预先设计的相关方法，实现对游戏场景中方块元素的随机重新排列操作。

```
    randomBlocks() {
        // 创建一个临时数组，用于存放当前节点的所有子节点的Block组件
        const temp = [];
        for (let i = 0; i < this.node.children.length; i++) {
            // 获取子节点的Block组件
            const block = this.node.children[i].getComponent(Block);
            // 将子节点的Block组件放入临时数组中
            temp.push(block);
        }

        // 遍历临时数组，随机交换两个节点的精灵帧
        for (let i = 0; i < temp.length; i++) {
            // 获取当前节点的Block组件
            const block = temp[i];
            // 随机选取另一个节点的Block组件
            const other = temp[Math.randomRangeInt(0, temp.length)];
            // 获取当前节点的精灵帧
            const blockSprite = block.getSpriteFrame();
            // 获取随机节点的精灵帧
            const otherSprite = other.getSpriteFrame();
```

```
        // 将当前节点的精灵帧设置到随机节点
        other.setSprite(blockSprite);
        // 将随机节点的精灵帧设置到当前节点
        block.setSprite(otherSprite);
    }

    // 遍历临时数组，刷新精灵并播放动画
    for (let block of temp) {
        block.refreshSprite();
    }
}
```

将randomBlocks方法与对应的按钮进行事件绑定，从而完成随机道具重新洗牌功能的最终集成。当用户触发按钮单击操作时，系统将自动执行道具随机洗牌流程，并同步播放预设的动画效果。

（2）单击方块放大

随后进入单击方块放大效果的功能开发阶段。

实现该功能需要首先在Layer1.ts脚本中添加触摸事件监听机制，并编写相应的事件处理方法。以下是完整的代码实现方案。

```
// Layer1.ts
curBlock: Block = null; // 当前触摸的方块

start() {
    if (GameState.gameMode === 1) {
        return;
    }
    // 添加触摸事件监听
    this.node.on(Input.EventType.TOUCH_START, this.onTouchStart, this);
    this.node.on(Input.EventType.TOUCH_END, this.onTouchEnd, this);
    this.node.on(Input.EventType.TOUCH_CANCEL, this.onTouchCancel, this);
}

// 根据世界坐标获取方块
getBlockByPosition(worldPosition: Vec3): Block {
     const position = this.node.getComponent(UITransform).convertToNodeSpaceAR(
worldPosition);
    let curBlock: Block = null;
    for (let i = this.node.children.length - 1; i >= 0; i--) {
        const block = this.node.children[i];
        if (!block.active) continue; // 跳过非激活的节点
```

```
            const blockScript = block.getComponent(Block);
            if (!blockScript.canTouch()) continue; // 跳过不可触摸的方块
               if (block.getComponent(UITransform).getBoundingBox().contains(new
    Vec2(position.x, position.y))) {
                curBlock = blockScript;
                break;
            }
        }
        return curBlock;
    }

    // 触摸开始事件
    onTouchStart(e: EventTouch) {
        const position = e.getUILocation(); // 获取触摸位置
        const block = this.getBlockByPosition(new Vec3(position.x, position.y)); //
    根据触摸位置获取方块
        this.curBlock = block;
        if (this.curBlock) {
            block.playStartTouch(); // 播放触摸开始的动画
        }
    }

    // 触摸结束事件
    onTouchEnd(e: EventTouch) {
        if (this.curBlock) {
            this.curBlock.playEndTouch(); // 播放触摸结束的动画
        }
    }

    // 触摸取消事件
    onTouchCancel(e: EventTouch) {
        if (this.curBlock) {
            this.curBlock.playEndTouch(); // 播放触摸取消的动画
        }
    }
```

在Block.ts脚本中新增两个关键方法：canTouch方法和动画播放方法。canTouch方法用于判断方块当前是否可被单击交互，而动画播放方法则负责处理方块的视觉动画效果。以下是完整的代码实现方案。

```
    // Block.ts
    // 判断方块是否可以触摸
    canTouch() {
        return !this.node.getChildByName('y_shadow').active;
    }

    // 播放触摸开始的动画
    playStartTouch() {
        tween(this.node).to(0.1, {
            scale: new Vec3(1.2, 1.2, 1) // 放大效果
        }).start();
    }
```

```
    // 播放触摸结束的动画
    playEndTouch() {
        tween(this.node).to(0.1, {
            scale: new Vec3(1, 1, 1) // 恢复原状
        }).start();
    }
```

在游戏交互功能的实现过程中，Layer1.ts脚本为节点配置了3种触摸事件监听机制：TOUCH_START、TOUCH_END和TOUCH_CANCEL。

当用户触发触摸操作时，系统将根据事件类型调用相应的方法：TOUCH_START事件触发onTouchStart方法，该方法负责定位触摸位置对应的方块实例并启动触摸开始动画；TOUCH_END和TOUCH_CANCEL事件均会调用onTouchEnd方法，执行触摸结束动画流程。

在Block.ts脚本中，playStartTouch方法通过tween动画技术实现方块的放大效果，而playEndTouch方法则利用相同的动画技术将方块恢复至初始尺寸。通过这套完整的动画控制系统，用户单击方块时可获得即时的视觉反馈——方块会呈现放大效果，当触摸操作结束时（无论是正常结束还是意外取消），方块都会平滑地恢复原始状态。

```
    // Block.ts
    origin: Block = null; // 用于记录原始方块
    // 复制方块的方法
    cloneBlock(parent: Node, blockPrefab: Prefab): Block {
        const newBlock = instantiate(blockPrefab); // 复制方块
        newBlock.setParent(parent); // 设置新方块的父节点
         newBlock.getChildByName('y_body').getComponent(Sprite).spriteFrame = this.
spriteFrame; // 设置新方块的精灵帧
        const worldPosition = this.node.getWorldPosition(); // 获取当前方块的世界坐标
         const localPosition = parent.getComponent(UITransform).convertToNodeSpaceA
R(worldPosition); // 转换为父节点的局部坐标
        newBlock.setPosition(localPosition); // 设置新方块的位置
        const blockScript = newBlock.getComponent(Block); // 获取新方块的Block组件
        blockScript.origin = this; // 设置新方块的原始方块引用
        blockScript.show(); // 显示新方块
        this.node.active = false; // 隐藏原始方块
        return blockScript; // 返回新方块的Block组件
    }
```

（3）移动方块

在LayerRoot.ts脚本的功能实现中，需要完成方块移动方法的开发工作，也就是将方块移动到下面的卡槽中。

```
// LayerRoot.ts
// 移动方块的方法
moveBlock(block: Block, blockPrefab: Prefab) {
     const newBlock = block.cloneBlock(this.node, blockPrefab); // 调用Block的
cloneBlock方法复制方块
    this.layer1.refreshShadow(); // 刷新Layer1的阴影（假设Layer1有这个方法）
    tween(newBlock.node) // 使用tween动画移动新方块
        .to(0.15, {
            position: new Vec3(0, -413) // 暂时移动到(0, -413)位置
        })
        .call(() => {
            // 动画完成后的操作
        })
        .start();
}
```

需要在Layer1.ts脚本中集成moveBlock方法的调用逻辑，以达到方块移动功能的完整实现。

```
// Layer1.ts
// 触摸结束事件
onTouchEnd(e: EventTouch) {
    if (this.curBlock) {
        this.curBlock.playEndTouch(); // 播放触摸结束的动画
        this.node.parent.getComponent(LayerRoot).moveBlock(this.curBlock, this.
block); // 调用LayerRoot的moveBlock方法移动方块
    }
}
```

在游戏功能模块的实现中，Block.ts脚本中的cloneBlock方法负责完成方块的复制操作。

该方法通过创建新的方块实例，设置其父节点、精灵帧和位置属性，并将原始方块进行隐藏处理，从而生成可移动的副本。

在LayerRoot.ts脚本中，moveBlock方法通过调用Block.ts提供的cloneBlock方法完成方块复制操作，并利用tween动画技术将新生成的方块实例平滑移动到目标位置。

Layer1.ts脚本中的onTouchEnd方法则在用户触摸操作结束时触发，调用LayerRoot的moveBlock方法，实现方块从当前位置到目标位置的移动功能。

如需实现回退操作，可在LayerRoot中新增相应的方法，该方法将新方块移回原始位置后进行销毁，同时重新显示原始方块。

接下来将开发方块精准定位到指定槽位的功能，该功能需要精确计算方块的目标位置坐标，并将其准确放置到对应的槽位中。首先在Layer3.ts脚本中实现槽位管理系统及方块位置计算逻辑，以下是具体的实现代码。

```
// Layer3.ts
@property([Node])
slotNodes: Node[] = []; // 槽位节点数组
blockList: Block[] = []; // 当前方块列表


// 重置方块顺序
resetOrder() {
    for (let i = 0; i < this.blockList.length; i++) {
        const block = this.blockList[i];
        block.setTmpPosition(this.slotNodes[i].getPosition()); // 设置方块的临时
位置
        if (block.node.getParent() == this.node) {
                tween(block.node).to(0.1, { position: block.getTmpPosition()
}).start(); // 移动方块到槽位动画
        }
    }
}

// 根据方块确定其槽位位置
getBlockPosition(block: Block): Vec3 {
    let tmp: Block[] = [];
    let find: boolean = false;
    let complete: boolean = false;
    for (let ele of this.blockList) {
        if (ele.getSpriteFrame().name == block.getSpriteFrame().name) {
            find = true;
            tmp.push(ele);
        } else {
            if (find && !complete) {
                tmp.push(block);
                complete = true;
            }
            tmp.push(ele);
        }
    }
    if (!complete) {
        tmp.push(block);
    }
    this.blockList = tmp;
    this.resetOrder();

      return this.node.getComponent(UITransform).convertToWorldSpaceAR(block.
getTmpPosition());
}

// 添加方块到Layer3
addBlock(block: Block) {
    const position = block.node.getWorldPosition();
      const localPosition = this.node.getComponent(UITransform).
convertToNodeSpaceAR(position);
    block.node.setParent(this.node);
    block.node.setPosition(localPosition);
}
```

在游戏功能模块的实现中，slotNodes数组作为核心数据结构，负责管理系统中的所有槽位节点信息。blockList数组则用于维护当前场景中的方块实例列表。getBlockPosition方法作为关键算法，根据输入的方块参数计算其所属的目标槽位，并返回精确的位置坐标。

resetOrder方法承担着维护方块顺序的重要职责，确保所有方块都能被准确放置到对应的槽位中。为实现完整的移动功能，需要在Block.ts脚本中新增设置和获取临时位置的方法接口。以下是该功能模块的具体实现代码。

```
// Block.ts
tmpPosition: Vec3 = new Vec3(); // 临时位置

// 设置临时位置
setTmpPosition(position: Vec3) {
    this.tmpPosition = position;
}

// 获取临时位置
getTmpPosition(): Vec3 {
    return this.tmpPosition;
}
```

最后，在LayerRoot.ts中调用方块移动的方法，并处理坐标转换。

```
// LayerRoot.ts
// 移动方块的方法
moveBlock(block: Block, blockPrefab: Prefab) {
     const newBlock = block.cloneBlock(this.node, blockPrefab); // 调用Block的
cloneBlock方法复制方块
    this.layer1.getComponent(Layer1).refreshShadow(); // 刷新Layer1的阴影
       const position = this.layer3.getComponent(Layer3).
getBlockPosition(newBlock); // 获取方块的目标位置
      const localPosition = this.node.getComponent(UITransform).
convertToNodeSpaceAR(position); // 转换为LayerRoot的局部坐标
    tween(newBlock.node) // 使用tween动画移动新方块
        .to(0.15, {
            position: localPosition
        })
        .call(() => {
            this.layer3.getComponent(Layer3).addBlock(newBlock); // 将新方块添加
到Layer3
        })
        .start();
}
```

方块在被单击后会正确地移动到指定的槽位中。

（4）方块消除

接下来需要实现删除相同方块的核心功能模块。该功能的主要逻辑是当检测到场景中存在3个或更多相同类型的方块时，系统将自动执行删除操作，并对剩

余的方块进行重新排列。具体实现方案如下：在Layer3.ts中创建删除方法，遍历检查所有方块类型，识别符合条件的方块组，执行方块删除操作。

该功能模块通过严谨的逻辑判断和高效的数据处理，为游戏提供了可靠的方块消除机制。以下是Layer3.ts中相关方法的实现代码及详细注释说明。

```
// Layer3.ts
// 删除相同的方块
delSameBlocks(): boolean {
    const tmp: Block[] = [];
    for (let i = 0; i < this.blockList.length; i++) {
        if (i === 0) {
            tmp.push(this.blockList[i]);
            } else if (tmp[0].getSpriteFrame() == this.blockList[i].
getSpriteFrame()) {
            tmp.push(this.blockList[i]);
        } else {
            tmp.splice(0, tmp.length);
            tmp.push(this.blockList[i]);
        }
        if (tmp.length >= 3) {
            break;
        }
    }
    if (tmp.length >= 3) {
        for (let block of tmp) {
            const index = this.blockList.indexOf(block);
            this.blockList.splice(index, 1); // 从列表中删除方块
            block.node.removeFromParent(); // 从场景中移除方块
            block.origin.node?.removeFromParent(); // 从场景中移除原始方块
        }
        this.scheduleOnce(() => {
            this.resetOrder(); // 重新排列剩余的方块
        }, 0.2);
        return true;
    }
    return false;
}
```

在LayerRoot.ts中调用删除相同方块的方法。

```
// LayerRoot.ts
// 移动方块的方法
moveBlock(block: Block, blockPrefab: Prefab) {
    const newBlock = block.cloneBlock(this.node, blockPrefab);     this.layer1.
getComponent(Layer1).refreshShadow(); // 刷新Layer1的阴影
     const position = this.layer3.getComponent(Layer3).
getBlockPosition(newBlock); // 获取方块的目标位置
     const localPosition = this.node.getComponent(UITransform).
convertToNodeSpaceAR(position); // 转换为LayerRoot的局部坐标
    tween(newBlock.node) // 使用tween动画移动新方块
        .to(0.15, {
            position: localPosition
```

```
        })
        .call(() => {
            this.layer3.getComponent(Layer3).addBlock(newBlock); // 将新方块添加
到Layer3
             const hasSame = this.layer3.getComponent(Layer3).delSameBlocks();
// 调用删除相同方块的方法
            if (hasSame) {
                // 如果有相同的方块被删除，可以在这里处理后续逻辑
            }
        })
        .start();
}
```

LayerRoot.ts脚本中的moveBlock方法在完成方块的移动操作后，会主动调用delSameBlocks方法进行相同方块检测。为了提升删除操作的视觉表现力，现需为方块删除功能添加帧动画特效。

具体实现步骤如下：首先在项目资源文件夹中定位effect_1至effect_6共6张序列帧图片；随后在Cocos Creator编辑器内创建新的Sprite节点，将这些图片配置为帧动画序列，并设置动画属性为加载后自动播放；最后将配置完成的Sprite节点保存为预制体资源，命名为preDelete.prefab。在Layer3.ts脚本中引入该预制体资源，并在执行方块删除操作时同步触发动画效果。以下是完整的代码实现方案。

```
// Layer3.ts
@property(Node)
preDelete: Prefab = null; // 删除效果的预制体
// 删除相同的方块
delSameBlocks(): boolean {
    const tmp: Block[] = [];
    for (let i = 0; i < this.blockList.length; i++) {
        if (i === 0) {
            tmp.push(this.blockList[i]);
            } else if (tmp[0].getSpriteFrame() == this.blockList[i].
getSpriteFrame()) {
            tmp.push(this.blockList[i]);
        } else {
            tmp.splice(0, tmp.length);
            tmp.push(this.blockList[i]);
        }
        if (tmp.length >= 3) {
            break;
        }
    }
    if (tmp.length >= 3) {
        for (let block of tmp) {
            const index = this.blockList.indexOf(block);
            const pre = instantiate(this.preDelete); // 实例化删除效果的预制体
            pre.setParent(this.node); // 设置父节点
            pre.setPosition(block.node.getPosition()); // 设置位置
            tween(pre).delay(0.5).removeSelf().start(); // 延迟0.5秒后移除删除效果
```

```
            this.blockList.splice(index, 1); // 从列表中删除方块
            block.node.removeFromParent(); // 从场景中移除方块
            block.origin.node?.removeFromParent(); // 从场景中移除原始方块
        }
        this.scheduleOnce(() => {
            this.resetOrder(); // 重新排列剩余的方块
        }, 0.2);
        return true;
    }
    return false;
}
```

当检测到3个或更多相同类型的方块被删除时，系统将自动触发预设的视觉特效播放流程。

6.2.8 音效集成

最后实现播放音效的功能，以增强游戏的交互体验。系统将集成两种核心音效资源：单击音效click.mp3和删除音效delete.mp3。

首先在LayerRoot.ts脚本中添加AudioSource音频组件，并完成音效播放功能的开发工作。该功能模块将为游戏操作提供即时的听觉反馈，显著提升用户体验。以下是具体的代码实现方案。

```
// LayerRoot.ts
@property([AudioClip])
audios: AudioClip[] = []; // 音频剪辑数组

// 播放音频
playAudio(index: number) {
    const audioSource = this.getComponent(AudioSource);
    if (audioSource) {
        audioSource.playOneShot(this.audios[index]);
    }
}

// 移动方块的方法
moveBlock(block: Block, blockPrefab: Prefab) {
    const newBlock = block.cloneBlock(this.node, blockPrefab); // 调用Block的cloneBlock方法复制方块
    this.layer1.getComponent(Layer1).refreshShadow(); // 刷新Layer1的阴影
    const position = this.layer3.getComponent(Layer3).getBlockPosition(newBlock); // 获取方块的目标位置
    const localPosition = this.node.getComponent(UITransform).convertToNodeSpaceAR(position); // 转换为LayerRoot的局部坐标
    tween(newBlock.node) // 使用tween动画移动新方块
        .to(0.15, {
            position: localPosition
        })
        .call(() => {
```

```
            this.layer3.getComponent(Layer3).addBlock(newBlock); // 将新方块添加
到Layer3
             const hasSame = this.layer3.getComponent(Layer3).delSameBlocks();
// 调用删除相同方块的方法
            if (hasSame) {
                this.playAudio(1); // 如果有相同的方块被删除，播放删除音效
            }
        })
        .start();
}
```

在Cocos Creator中，为LayerRoot节点添加AudioSource组件，并将准备好的音效资源click.mp3和delete.mp3分别拖至该组件的audios数组中。随后，在Layer1.ts脚本中集成音效播放功能的调用逻辑，确保用户交互时能够触发相应的音效反馈。以下是该功能模块的具体实现方案。

```
// Layer1.ts
// 触摸结束事件
onTouchEnd(e: EventTouch) {
    if (this.curBlock) {
        if (!this.curBlock.node.active) return; // 如果方块已经被隐藏，直接返回
        this.curBlock.playEndTouch(); // 播放触摸结束的动画
        this.node.parent.getComponent(LayerRoot).moveBlock(this.curBlock, this.
block); // 调用LayerRoot的moveBlock方法移动方块
        this.node.parent.getComponent(LayerRoot).playAudio(0); // 播放单击音效
    }
}
```

当用户单击方块时，会播放单击音效；当有相同的方块被删除时，会播放删除音效，增强了游戏的交互体验。

6.2.9　关卡配置与元素块管理

（1）通关逻辑

在游戏关卡管理功能的开发过程中，接下来需要实现判断是否进入下一关的核心逻辑。该功能的主要判定条件是当Layer1、Layer2和Layer3三个层级中均不存在任何方块时，系统将自动触发进入下一关的流程。以下是该功能的具体实现方案。

在Layer1.ts和Layer2.ts中新增getBlockSize方法，实现当前层方块数量统计，添加方块数量查询接口，维护层级间数据同步。

```
// 获取当前层中方块的数量
getBlockSize(): number {
    return this.node.children.length;
}
```

在游戏功能模块的实现过程中，Layer3.ts脚本中的getBlockSize方法用于返回blockList数组的当前长度。该实现方式与Layer1和Layer2中的方块管理机制存在差异，主要源于Layer3采用独特的方块组织架构。以下是该功能模块的具体实现方案。

```
// 获取当前层中方块的数量
getBlockSize(): number {
    return this.blockList.length;
}
```

在LayerRoot.ts中，在moveBlock方法中添加逻辑，判断是否进入下一关。

```
// 调用删除相同方块的方法
const hasSame = this.layer3.getComponent(Layer3).delSameBlocks();
if (hasSame) {
    this.playAudio(1); // 如果有相同的方块被删除，播放删除音效
    // 判断是否进入下一关
    if (this.layer1.getComponent(Layer1).getBlockSize() === 0 &&
        this.layer2.getComponent(Layer2).getBlockSize() === 0 &&
        this.layer3.getComponent(Layer3).getBlockSize() === 0) {
         this.node.parent.getComponent(mainScene).nextLevel(); // 调用mainScene
的nextLevel方法进入下一关
    }
}
```

最后，在mainScene.ts中添加nextLevel方法，用于处理进入下一关的逻辑。

```
// 进入下一关
nextLevel() {
    GameState.curLevel += 1; // 关卡数加1
    this.startGame(); // 重新开始游戏
}
```

当检测到场景中所有方块均被清除时，系统将自动触发进入下一关的流程。

（2）移动方块

接下来需要实现一个特殊的方块移除道具功能，该功能的具体操作逻辑为：当用户单击界面下方中央位置的特定按钮时，系统会将Layer3中的前3个方块转移至Layer2。

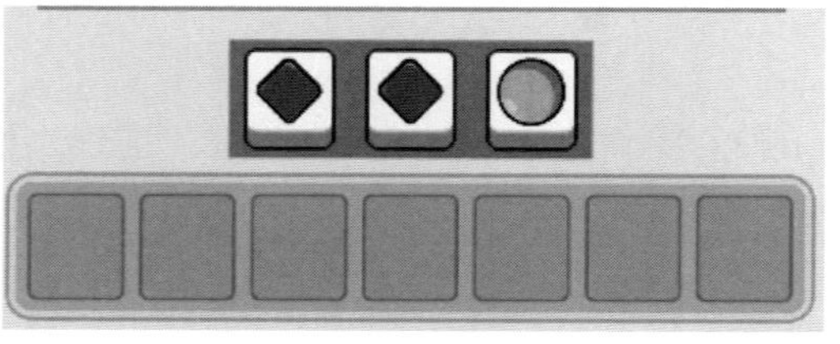

为实现这一功能，需在LayerRoot.ts文件中新增一个名为clickRemove的方法，该方法的核心职责包括：执行方块从Layer3到Layer2的层级转移操作，以及

处理与之配套的动画效果展示。以下是该功能模块的技术实现要点。

```
clickRemove() {
    // 首先检查Layer3中是否有方块，如果没有方块就直接返回
    if(this.layer3.getBlockSize() === 0) return;

    // 调用Layer3中的getRemoveBlock方法获取即将移除的方块
    const temp = this.layer3.getRemoveBlocks();

    // 如果没有获取到方块，也直接返回
    if(temp.length ==0) return;

    // 重置Layer3中方块的顺序
    this.layer3.resetOrder();

    // 获取Layer2中的零点位置
    const layer2Zero = this.layer2.getZero();

    // 将零点位置转换为相对于当前节点的局部坐标
     const local = this.node.getComponent(UITransform).convertToNodeSpaceAR(lay
er2Zero);

    // 遍历获取到的方块
    for(let ele of temp){
        // 将方块的父节点设置为当前节点
        ele.node.setParent(this.node);

        // 将方块的位置设置为其临时位置（这个临时位置是之前在Layer3中的位置）
            ele.node.setPosition(this.node.getComponent(UITransform).
convertToNodeSpaceAR(ele.getTmpPosition()));

        // 使用twee动画将方块移动到Layer2的零点位置
        tween(ele.node).to(0.1, {
            position: local
        }).call(() => {
            // 动画完成后，将方块添加到Layer2中
            this.layer2.addBlock(ele);
        }).start();
    }
}
```

在Layer3.ts文件中实现getRemoveBlocks方法，该方法用于获取即将移除的方块。方法的主要逻辑是检查Layer3中是否存在方块，然后返回需要移除的方块列表。该方法为后续的方块移除操作提供必要的数据支持。

```
getRemoveBlocks(): Block[] {
    // 创建一个临时数组来存储要移除的方块
    const temp:Block[] = [];

    // 遍历Layer3中的方块列表
    for(let ele of this.blockList){
        // 将方块添加到临时数组中
        temp.push(ele);
```

```
        // 如果临时数组中的方块数量达到3个，就停止添加
        if(temp.length >= 3) break;
    }

    // 遍历临时数组中的方块
    for(let ele of temp){
        // 获取方块在Layer3中的索引
        const index = this.blockList.indexOf(ele);

        // 如果找到了方块，就从Layer3中移除它
        if(index >= 0){
            this.blockList.splice(index, 1);

            // 设置方块的临时位置为其当前的世界坐标
            ele.setTmpPosition(ele.node.getWorldPosition());

            // 将方块从其父节点中移除
            ele.node.removeFromParent();
        }
    }

    // 返回要移除的方块数组
    return temp;
}
```

该方法的核心处理流程包含以下步骤：首先初始化一个临时数组，用于存放待移除的方块实例；随后遍历Layer3中的方块列表，将前3个符合条件的方块对象添加至临时数组；接着从Layer3的方块列表中移除这些已选中的方块，并为其设置临时位置属性；最终将该临时数组作为结果返回。同时，在Layer2.ts文件中需要新增两个功能方法：getZero方法用于获取基准位置坐标，addBlock方法则负责处理方块的添加逻辑。

```
// 获取Layer2中的零点位置
getZero(): Vec3 {
    // 将局部坐标(0, 0, 0) 转换为世界坐标
      return  this.node.getComponent(UITransform).convertToWorldSpaceAR(new
Vec3(0, 0, 0));
}

// 将方块添加到Layer2中
addBlock(block: Block) {
    // 设置方块的位置为Layer2的零点位置
    block.node.setPosition(0, 0);

    // 将方块的父节点设置为Layer2的节点
    block.node.setParent(this.node);
}
```

为优化方块布局效果，需在Layer2节点上添加Layout组件，该组件能够自动实现子节点的水平均匀分布，确保新增方块能够按照预设规则整齐排列。

（3）撤回功能

接下来需要开发道具撤回功能，实现该功能的核心思路是通过检索Layer3中最晚添加的方块来实现回退操作。

为此，首先需要在Block.ts脚本中新增一个时间戳属性，以及两个配套方法，专门用于记录和追踪方块被添加到Layer3的具体时间信息。

```
// 添加一个属性，用于记录方块被添加到Layer3的时间戳
addLayer3Time: number = 0;

// 设置方块被添加到Layer3的时间戳
setAddLayer3Time() {
    this.addLayer3Time = new Date().getTime(); // 获取当前时间的时间戳
}

// 获取方块被添加到Layer3的时间戳
getAddLayer3Time() {
    return this.addLayer3Time;
}
```

在Layer3.ts中调用上述方法来更新方块的加入时间，并找到需要返回的那个方块。

```
// 向Layer3中添加方块
addBlock(block: Block) {
    // 获取方块在世界坐标系中的位置
    const position = block.node.getWorldPosition();
    // 将世界坐标转换为Layer3的局部坐标
      const localPosition = this.node.getComponent(UITransform).
convertToNodeSpaceAR(position);
    // 设置方块被添加到Layer3的时间
    block.setAddLayer3Time();
    // 将方块的父节点设置为Layer3的节点
    block.node.setParent(this.node);
    // 设置方块在Layer3中的位置
    block.node.setPosition(localPosition);
}

// 获取Layer3中最新添加的方块并移除
getLastBlock(): Block {
    let block: Block = null; // 用于存储最新添加的方块
    // 遍历Layer3中的所有方块
    for (let ele of this.blockList) {
        // 如果block为空，则将当前方块赋值给block
        if (!block) {
```

```
            block = ele;
        }
        // 如果当前方块的添加时间大于block的添加时间，则将当前方块赋值给block
        if (ele.getAddLayer3Time() > block.getAddLayer3Time()) {
            block = ele;
        }
    }
    // 如果找到了最新添加的方块
    if (block) {
        // 获取该方块在blockList中的索引
        const index = this.blockList.indexOf(block);
        // 如果索引有效，则从blockList中移除该方块
        if (index >= 0) {
            this.blockList.splice(index, 1);
            // 设置方块的临时位置为其在世界坐标系中的位置
            block.setTmpPosition(block.node.getWorldPosition());
            // 将方块从Layer3中移除
            block.node.removeFromParent();
        }
    }
    // 返回最新添加的方块
    return block;
}
```

在LayerRoot.ts中需要实现回退操作。具体来说，就是从Layer3中移除最新添加的方块，重新将原本在Layer1中隐藏的方块展示出来，并添加动画效果，同时刷新Layer1中的遮挡关系和Layer3中的位置。

```
// 单击回退按钮时触发的方法
clickRedo() {
    // 如果Layer3中没有方块，则直接返回
    if (this.layer3.getBlockSize() === 0) return;
    // 从Layer3中获取最新添加的方块
    const temp = this.layer3.getLastBlock();
    // 如果没有获取到方块，则直接返回
    if (!temp) return;
    // 将方块的父节点设置为LayerRoot的节点
    const local = this.node.getComponent(UITransform).
convertToNodeSpaceAR(temp.getTmpPosition());
    temp.node.setParent(this.node);
    temp.node.setPosition(local);
    // 获取方块原始位置在LayerRoot中的局部坐标
    const target = this.node.getComponent(UITransform).
convertToNodeSpaceAR(temp.origin.node.getWorldPosition());
    // 使用tween创建动画效果
    tween(temp.node).to(0.1, {
        position: target // 设置动画的目标位置
    }).call(() => {
        // 动画完成后，将原始方块显示出来
        temp.origin.node.active = true;
        // 刷新Layer1中的遮挡关系
        this.layer1.refreshShadow();
    }).removeSelf().start();
```

```
    // 重置Layer3中的顺序
    this.layer3.resetOrder();
}
```

需要将clickRedo方法与道具按钮进行事件绑定，从而完成回退功能的最终集成。当用户单击道具按钮时，系统将自动触发预设的回退操作流程。

（4）临时区方块回退

随后进入Layer2中方块单击回退功能的开发阶段，该功能需要在LayerRoot.ts脚本中实现moveBlockBack方法。

该方法的实现逻辑与Layer1中的处理方式基本保持一致，主要通过标准化的方法调用和参数传递来完成方块的逆向移动操作。以下是该功能模块的详细实现方案。

```
import { _decorator, Component, EventTouch, Input, UITransform, Vec2, Vec3 }
from 'cc';
import { Block } from './Block';
import { GameState } from './GameState';
import { LayerRoot } from './LayerRoot';
const { ccclass, property } = _decorator;

@cclass('Layer2')
export class Layer2 extends Component {
    curBlock: Block = null; // 当前触摸的方块

    start() {
        if (GameState.gameMode === 1) {
            return; // 如果游戏模式为1，直接返回，不进行后续操作
        }
        // 添加触摸事件监听
        this.node.on(Input.EventType.TOUCH_START, this.onTouchStart, this);
        this.node.on(Input.EventType.TOUCH_END, this.onTouchEnd, this);
        this.node.on(Input.EventType.TOUCH_CANCEL, this.onTouchCancel, this);
    }

    // 根据世界坐标获取方块
    getBlockByPosition(worldPosition: Vec3): Block {
         const position = this.node.getComponent(UITransform).convertToNodeSpac
eAR(worldPosition); // 将世界坐标转换为本地坐标
        let curBlock: Block = null; // 用于存储找到的方块
```

```
        for (let i = this.node.children.length - 1; i >= 0; i--) {
            const block = this.node.children[i];
            if (!block.active) continue; // 跳过非激活的节点
            const blockScript = block.getComponent(Block);
            if (!blockScript.canTouch()) continue; // 跳过不可触摸的方块
              if (block.getComponent(UITransform).getBoundingBox().contains(new
Vec2(position.x, position.y))) {
                curBlock = blockScript; // 找到触摸位置的方块
                break;
            }
        }
        return curBlock;
    }

    // 触摸开始事件
    onTouchStart(e: EventTouch) {
        const position = e.getUILocation(); // 获取触摸位置
          const block = this.getBlockByPosition(new Vec3(position.x, position.
y)); // 根据触摸位置获取方块
        this.curBlock = block;
        if (this.curBlock) {
            if (!this.curBlock.node.active) return; // 如果方块已经被隐藏，直接返回
            this.curBlock.playStartTouch(); // 播放触摸开始的动画
        }
    }

    // 触摸结束事件
    onTouchEnd(e: EventTouch) {
        if (this.curBlock) {
            if (!this.curBlock.node.active) return; // 如果方块已经被隐藏，直接返回
            this.curBlock.playEndTouch(); // 播放触摸结束的动画
                this.node.parent.getComponent(LayerRoot).moveBlockBack(this.
curBlock); // 调用LayerRoot的moveBlockBack方法移动方块
              this.node.parent.getComponent(LayerRoot).playAudio(0); // 播放单击
音效
        }
    }

    // 触摸取消事件
    onTouchCancel(e: EventTouch) {
        if (this.curBlock) {
            if (!this.curBlock.node.active) return; // 如果方块已经被隐藏，直接返回
            this.curBlock.playEndTouch(); // 播放触摸取消的动画
                this.node.parent.getComponent(LayerRoot).moveBlockBack(this.
curBlock); // 调用LayerRoot的moveBlockBack方法移动方块
        }
    }

    // 在组件销毁时移除事件监听
    protected onDestroy(): void {
        this.node.off(Input.EventType.TOUCH_START, this.onTouchStart, this);
        this.node.off(Input.EventType.TOUCH_END, this.onTouchEnd, this);
        this.node.off(Input.EventType.TOUCH_CANCEL, this.onTouchCancel, this);
    }
```

```
    // 省略其他代码
}
```

在LayerRoot.ts中实现moveBlockBack方法。

```
// 移动方块回到Layer3
moveBlockBack(block: Block) {
    block.node.setParent(this.node); // 将方块设置为LayerRoot的子节点
      block.node.setPosition(this.node.getComponent(UITransform).
convertToNodeSpaceAR(block.getTmpPosition())); // 设置方块位置

     const position = this.layer3.getComponent(Layer3).getBlockPosition(block);
// 获取方块的目标位置
      const localPosition = this.node.getComponent(UITransform).
convertToNodeSpaceAR(position); // 转换为LayerRoot的局部坐标
    tween(block.node) // 使用tween动画移动方块
        .to(0.15, {
            position: localPosition
        })
        .call(() => {
                this.layer3.getComponent(Layer3).addBlock(block); // 将方块添加到
Layer3
               const hasSame = this.layer3.getComponent(Layer3).delSameBlocks();
// 调用删除相同方块的方法
            if (hasSame) {
                this.playAudio(1); // 如果有相同的方块被删除，播放删除音效
                // 判断是否进入下一关
                if (this.layer1.getComponent(Layer1).getBlockSize() === 0 &&
                    this.layer2.getComponent(Layer2).getBlockSize() === 0 &&
                    this.layer3.getComponent(Layer3).getBlockSize() === 0) {
                    this.node.parent.getComponent(mainScene).nextLevel(); // 调
用mainScene的nextLevel方法进入下一关
                }
            }
        })
        .start();
}
```

通过上述代码，Layer2中的方块单击逻辑与Layer1一致，方块被单击后会移动回Layer3，并进行相同的处理逻辑。

6.3 UI

6.3.1 复活界面

下面制作一个失败后的复活页面。该页面的构建首先在Canvas层级下创建名为Revive的空节点，并为其添加Widget组件以实现全屏布局（上、下、左、右边距均设为0），同时附加BlockInputEvents组件以阻断事件穿透，防止误操作。

页面视觉设计采用分层结构：最底层为半透明黑色背景节点（同样配置Widget组件实现全屏覆盖），中间层叠加两张背景图片（img_over_bg_1和img_over_bg_2）构成弹窗主体，顶部放置醒目的标题Label“复活”二字，字号30并加粗）。

弹窗核心区域采用圆形黑色背景（image_10）与心形图标（img_heart）的组合设计，中央位置设置描述性文本Label（“复活并移除3个方块？”）。

交互控件包含两个功能按钮：btnRevive按钮采用img_1图片资源，下方配有免费次数标签 [freeTimes显示(1/1)]；取消按钮btnCancel使用img_over_bg_2作为背景，文字内容为“不了”。所有按钮均配置Scale过渡效果实现单击动画，通过位置微调完成最终页面布局。

下面在Revive节点上挂载Revive.ts脚本文件。该脚本将负责处理复活页面的核心逻辑和交互功能。以下是该功能模块的具体实现方案。

```
import { _decorator, Component, Label, Node } from 'cc';
import { EventDispatcher } from './EventDispatcher';
const { ccclass, property } = _decorator;

@ccclass('Revive')
export class Revive extends Component {
    @property(Label)
    freeTimes: Label = null; // 绑定免费次数的Label组件

    start() {
        // 初始化复活页面为隐藏状态
        this.node.active = false;

        // 监听游戏结束事件，当游戏结束时显示复活页面
           EventDispatcher.getInstTarget().on(EventDispatcher.GAME_OVER, this.
show, this);
    }
```

```
    protected onDestroy(): void {
        // 在组件销毁时移除监听事件
          EventDispatcher.getInstTarget().off(EventDispatcher.GAME_OVER, this.
show, this);
    }

    // 显示复活页面
    show() {
        this.node.active = true;
    }

    // 复活按钮的单击事件
    clickRevive() {
        // 这里可以添加复活的逻辑
    }

    // 退出按钮的单击事件
    clickThanks() {
        // 这里可以添加退出的逻辑
    }
}
```

在EventDispatcher类中添加一个自定义事件。

```
public static GAME_OVER = "game_over"; // 游戏结束事件
```

在LayerRoot.ts文件中添加一个方法，当Layer3里的方块数量大于等于7时，代表游戏结束。

```
checkOver() {
    // 检查Layer3中的方块数量是否大于等于7
    if (this.layer3.getBlockSize() >= 7) {
        // 如果是，触发游戏结束事件
        EventDispatcher.getInstTarget().emit(EventDispatcher.GAME_OVER);
    }
}
```

当执行从Layer1向Layer3添加方块或从Layer2向Layer3添加方块的逻辑时，均需调用checkOver方法进行游戏结束条件的判断。

接下来将重点实现复活按钮的核心功能，该功能与现有道具中的移除功能具有相似的操作逻辑，但需额外增加使用次数的限制机制。作为功能实现的基础，首先需要在GameState类中新增若干变量，这些变量将专门用于控制复活功能和道具功能的使用次数限制。

```
public static reviveTimes: number = 0;    // 复活次数
public static randomTimes: number = 0;    // 随机道具次数
public static redoTimes: number = 0;      // 回退次数
public static removeTimes: number = 0;    // 移除道具次数

// 重置次数的方法
public static resetTimes() {
```

```
        this.reviveTimes = 1;     // 复活次数重置为1
        this.randomTimes = 1;     // 随机道具次数重置为1
        this.redoTimes = 1;       // 回退次数重置为1
        this.removeTimes = 1;     // 移除道具次数重置为1
    }
```

在游戏功能模块的实现过程中，这些变量分别用于记录复活功能、随机道具功能、重做功能和移除道具功能的使用次数。resetTimes方法的主要功能是重置这些使用次数，其默认初始值均设置为1。在实际调用过程中，可以通过该方法对使用次数进行限制和控制。随后，需要在Revive.ts脚本中具体实现复活功能的核心方法。

```
clickRevive() {
    if (GameState.reviveTimes > 0) {     // 检查是否有复活次数
        GameState.reviveTimes -= 1;     // 使用一次复活次数
        this.node.active = false;       // 关闭复活页面
           EventDispatcher.getInstTarget().emit(EventDispatcher.REVIVE_GAME);
// 触发复活游戏事件
    } else {
         EventDispatcher.getInstTarget().emit(EventDispatcher.SHOW_TIPS, '无复活
次数');    // 显示无复活次数的提示
    }
}
```

clickRevive方法的核心处理流程如下：首先进行复活次数的可用性检查，若存在可用次数，则执行次数递减操作，同时关闭复活页面，并触发EventDispatcher.REVIVE_GAME事件；若复活次数已耗尽，则触发EventDispatcher.SHOW_TIPS事件，向玩家显示“无复活次数”的提示信息。为支持上述功能，需在EventDispatcher类中新增相应的事件定义。以下是该功能模块的具体实现方案。

```
public static REVIVE_GAME = 'revive_game';     // 复活游戏事件
```

在LayerRoot.ts中监听EventDispatcher.REVIVE_GAM事件，并处理复活逻辑。

```
EventDispatcher.getInstTarget().on(EventDispatcher.REVIVE_GAME, () => {
    this.clickRedo();     // 调用回退方法3次
    this.clickRedo();
    this.clickRedo();
}, this);
```

当玩家触发复活按钮时，若系统检测到尚存可用复活次数，游戏状态将自动回滚至先前保存点，为玩家提供重新开始游戏的机会。

作为功能完善的最后环节，现需实现“不了”按钮的对应功能，该按钮的主要作用是允许玩家在复活页面中选择放弃复活并返回游戏主界面。具体实现方案为：在Revive.ts脚本中开发clickThanks方法，该方法将专门处理返回主界面的相

关逻辑操作。以下是该功能模块的具体实现要点。

```
clickThanks() {
    this.node.active = false; // 关闭复活页面
     this.node.parent.getComponent(mainScene).onBackClick(); // 调用主场景的退回
方法
}
```

现已完整构建了游戏主流程的所有核心功能模块。该流程涵盖游戏初始化启动、方块操作交互、复活机制及主界面返回等关键环节，形成了完整的游戏功能闭环。

6.3.2　过场动画

接下来将实现一个简易的过场动画效果。该动画的主要表现形式为多只驴在游戏画面中平滑移动，计划在游戏初始阶段播放，旨在为玩家增添娱乐性和趣味体验。具体实现步骤如下：首先在Canvas层级下创建一个名为Donkeys的空节点作为容器；随后定位到预先制作好的驴预制体Donkey，将其实例化多个副本并拖至Donkeys节点内；最后对这些驴预制体实例进行均匀合理的空间布局，确保其在屏幕上的分布效果符合视觉设计要求。

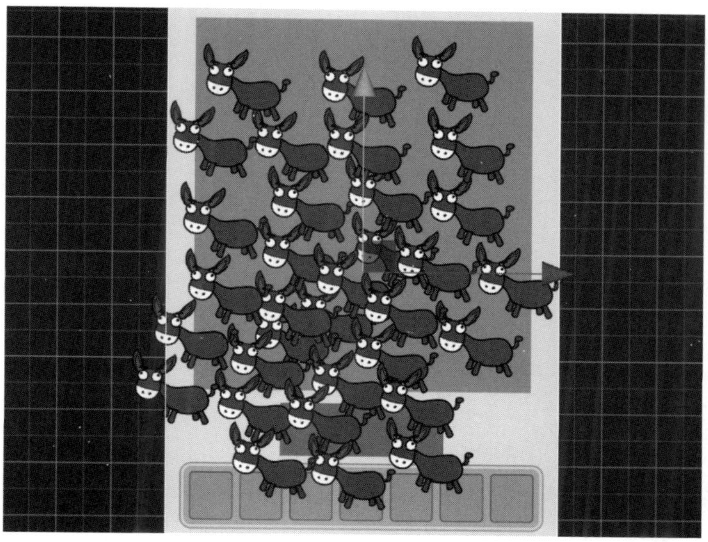

在mainScene.ts脚本中实现过场动画的逻辑。

```
@property(Node)
donkeys: Node = null; // 绑定Donkeys节点
```

```
// 驴群飘过的动画
donkeysRun(callback: () => void) {
    // 设置驴群的初始位置和缩放
    this.donkeys.setPosition(350, 0);
    this.donkeys.setScale(2, 2);
    this.donkeys.active = true; // 激活驴群节点

    // 使用tween动画让驴群从右向左飘过
    tween(this.donkeys)
        .to(0.8, {
            position: new Vec3(-350, 0) // 驴群移动到屏幕左侧
        })
        .call(callback) // 动画结束后调用回调函数
        .to(0.2, {
            position: new Vec3(-700, 0) // 驴群移出屏幕
        })
        .call(() => {
            this.donkeys.active = false; // 禁用驴群节点
        })
        .start();
}

// 开始游戏的方法
startGame() {
    // 播放驴群飘过的动画，动画结束后重置游戏状态并开始游戏
    this.donkeysRun(() => {
        GameState.resetTimes(); // 重置游戏状态
            const layerRoot = this.node.getChildByName('LayerRoot'); // 获取
LayerRoot节点
            layerRoot.getComponent(LayerRoot).startGame(GameState.curLevel); // 开
始游戏
    });
}
```

现已完成过场动画的完整开发。该动画效果将在游戏启动时自动播放，表现为多只驴形象在屏幕上平滑移动的视觉效果。这一设计元素通过动态的视觉呈现，有效提升了游戏初始阶段的趣味性和吸引力，为玩家带来更加丰富的游戏体验。

6.4 发布小游戏

在游戏开发流程的最终阶段，进行微信小游戏的发布工作。具体操作步骤如下：首先启动项目构建发布功能，进入构建任务配置界面；随后新建一个构建任务，为游戏项目命名（例如欢乐驴群大冒险）；在平台选择环节，需明确指定微信小游戏作为发布目标；对于发布路径参数，建议采用默认配置以简化操作流程；最后在初始场景设置中，选择home场景作为游戏启动后的首个展示界面。

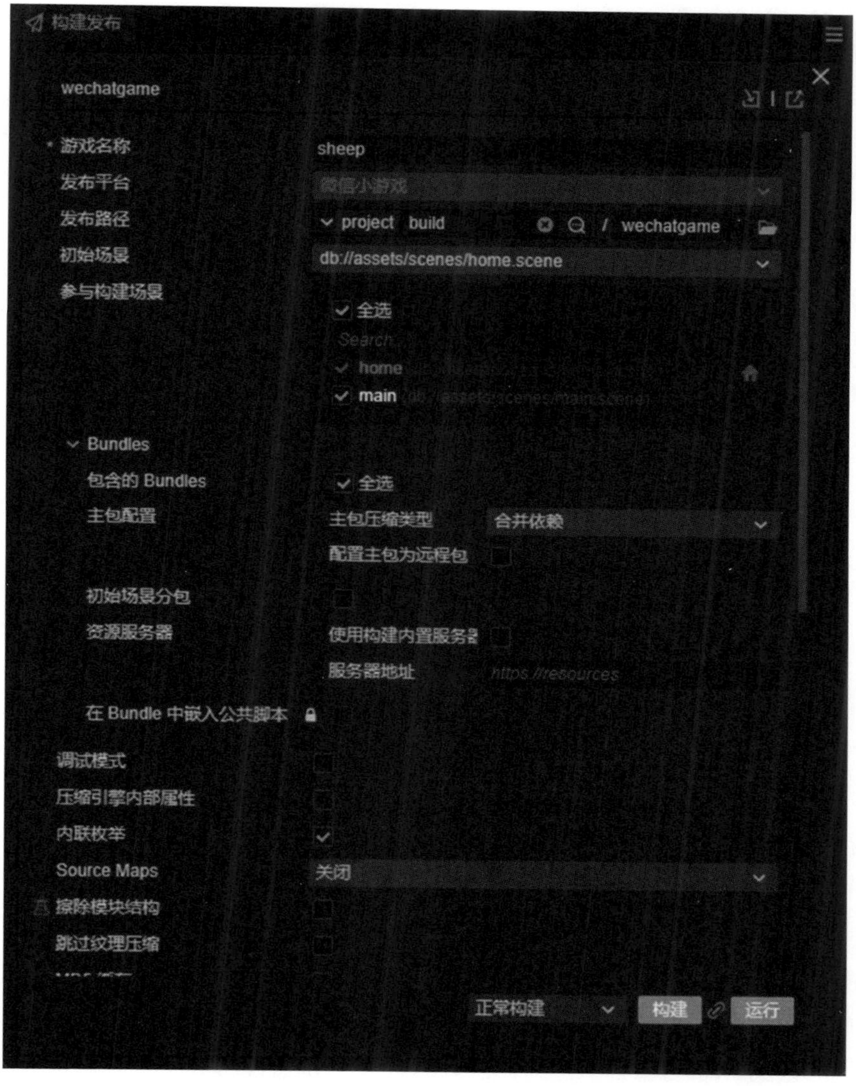

在游戏构建流程中，系统会要求用户填写AppId参数。该参数需预先通过微信公众平台完成小游戏账号的注册后方可获取。完成参数配置并成功执行构建操作后，系统将在项目目录的build文件夹下自动生成名为wechatgame的专用文件夹。该文件夹中包含完整的游戏构建文件，可直接导入微信开发者工具进行测试与发布。至此，游戏开发流程已全部完成。衷心祝贺您坚持学习至此，相信通过本书的系统学习，大家均可以掌握微信小游戏开发的核心知识与实践技能。现在，请运用所学知识，开始创造属于你的游戏作品吧！

结语

人人都能做微信小游戏

我只是一个普通人，如果我能做小游戏，那么很多人也都有可能做小游戏。接下来我分享一下自己制作游戏并借此赚钱的方法，希望能为个人开发者提供一些参考。

在正式分享之前，有三点前提需要说明。首先，这些观念和方法都是基于我个人的经历和总结，可能并不具备普遍适用性。其次，观念和方法必须辅以行动才能验证，否则只是空中楼阁，无法真正落地。最后，你并不需要完全认同我所分享的内容，如果你能从中获取对自己有用的东西，那会是我的荣幸。

首先要从一个最核心的底层观念入手。即要明确一个关键问题：你的游戏到底是为谁做的？答案显然不是为自己。因为我们要通过游戏赚钱，而赚钱的对象是其他玩家。只有当其他玩家购买你的游戏，或者愿意在你的游戏中观看广告，你才能赚到钱。所以，游戏是为玩家而做的，而非仅为了满足自己的喜好。

可能很多人难以接受这个观点，毕竟自己投入心血制作游戏，难道只是为了别人？但如果你想通过游戏赚钱，就必须明确这一点。游戏是为那些未来会玩你的游戏的玩家制作的，而不是单纯为自己。这其实涉及一个最底层的商业逻辑：赚钱是因为你为别人提供了有价值的服务或满足了别人的需求，而不是满足自己的需求。无论是做生意、卖东西，还是提供服务，都是如此。游戏也是如此，只有为玩家提供了价值，满足了他们的娱乐需求，玩家才愿意付费，你才能赚到钱。这是通过游戏赚钱的最底层逻辑和认知。

既然明确了游戏是为玩家而做，接下来就要考虑如何满足玩家的需求。如果你不知道市场对哪些游戏有需求，可以从经典游戏开始。我自己的游戏大多基于经典玩法，如飞机大战、三消、塔防等。选择经典游戏有3个原因：一是经典游戏的玩法经受过市场考验，被大众认可，至少是好玩的；二是经典游戏在市场上有足够的受众；三是基于前两点，游戏具备一定的营利性。只有游戏好玩且有人玩，才可能盈利。

有人会质疑，这难道不是抄袭吗？其实，对大部分人来说，根本到不了拼创意的阶段。你可以从传统游戏入手，在其中加入自己的想法，做出一些不一样的东西。对于大部分普通人而言，能做到这一点已实属不易。此外，不同的游戏在玩法、剧情、画面等方面都有所不同，很难说什么是完全的抄袭。你可以将经典游戏视为基础，在此基础上进行创新。

在确定了游戏类型后，接下来要考虑如何设计游戏，使其更有利于留存率和盈利。下面为大家提几点建议。

关卡制设计

如果游戏可以做成关卡制，建议选择关卡制而非无限模式。关卡制游戏能让玩家在完成一关后产生继续挑战下一关的欲望，增加玩家的游戏时间。同时，关卡之间的短暂间隙也能给玩家带来不错的体验。此外，根据玩家玩游戏的情况调整游戏难度曲线，能更好地留住玩家。一般来说，关卡制游戏的留存率和用户时长普遍高于无限模式游戏，虽然这并非绝对，但总体上关卡制游戏在留存和用户时长方面更具优势。

广告点设计

对于个人小游戏来说，主要盈利方式是展示广告。因此，建议在游戏设计阶段就将广告点纳入其中，使游戏整体性更强。如果先做完游戏再硬性插入广告点，会显得突兀，破坏游戏的整体性。在广告点设计上多花心思，让广告与游戏更好地结合，玩家才更愿意观看广告，从而为你带来更多的盈利。

加入标志

在游戏开始时加入自己的标志，这能让玩家知道游戏是你制作的，对于忠实玩家来说，他们更有可能因为熟悉你的标志而尝试你的其他游戏，有助于提升玩家对你的品牌认知度。

游戏跳转

如果你有足够多的游戏，可以在游戏之间增加跳转，搭建自己的小游戏矩阵。当玩家玩腻了一款游戏时，他们可能会尝试你的其他游戏。通过小游戏跳转获得的玩家是精准用户，能有效提升玩家留存率和游戏的盈利潜力。

以上是我的个人经验总结，希望能对大家有所帮助，也祝愿大家都能做出自己喜欢也能盈利的好游戏。